公民水素养理论与评价方法研究

王延荣　孙宇飞　王乃岳 等　著

科学出版社

北　京

内 容 简 介

提升公民水素养，形成全社会关心水、珍惜水、爱护水和节约水的良好风尚，是凝聚社会力量，建设节水型社会，提高水资源利用效率和效益，以及促进水资源可持续利用和经济社会可持续发展的重要基础。本书在借鉴国内外相关研究成果、广泛听取专家意见，以及系统调研的基础上，对公民水素养理论与评价方法进行较为系统的研究，阐述水素养的内涵、基本构成及其表征因素，构建公民水素养评价指标体系并进行试点评价，得到一些有价值的研究结论，既可以为后续研究积累经验，也可以为各级政府和社会组织开展公民水素养提升工作提供理论基础与对策建议。

本书可供管理学、社会学、教育学、心理学和水利学等方面的专家学者参考，也可作为社会各界关心公民水素养人士了解相关知识的参考读物。

图书在版编目（CIP）数据

公民水素养理论与评价方法研究 /王延荣等著. —北京：科学出版社，2018.6

　ISBN 978-7-03-056071-1

　Ⅰ.①公… Ⅱ.①王… Ⅲ.①水资源保护–公民教育–研究–中国 Ⅳ.①TV213.4

　中国版本图书馆 CIP 数据核字（2017）第 314701 号

责任编辑：邓　娴 / 责任校对：王晓茜
责任印制：吴兆东 / 封面设计：无极书装

科学出版社 出版
北京东黄城根北街 16 号
邮政编码：100717
http://www.sciencep.com

北京虎彩文化传播有限公司 印刷
科学出版社发行　各地新华书店经销

*

2018 年 6 月第　一　版　开本：720×1000　B5
2018 年 6 月第一次印刷　印张：11
字数：224000
定价：76.00 元
（如有印装质量问题，我社负责调换）

序

从有人类开始，人就与水相依相伴，并在认识水、亲近水与改造水的过程中得到了繁衍和发展。随着工业化、城镇化的快速推进，人类对水的开发利用在一些地方逼近甚至超出了水的承载能力，水对人类发出了警示和惩罚，水资源短缺、水生态损害、水环境污染和水旱灾害等新老水问题不断呈现。在经济社会发展中如何处理好人水关系引起了人们越来越多的关注。

处理好人水关系需要凝聚全社会的力量。水素养是结合我国国情、民情、水情提出的一项公民基本素养。通过教育引导、实践养成、制度保障等方式，不断培育公民基本的水知识、科学的水态度，践行良好的水行为，提高节水意识、护水意识和水安全意识，形成全社会关心水、珍惜水、爱护水和节约水的良好风尚。

水素养涉及教育学、社会学、心理学和水利学等多个学科，是一个全新的研究领域。为加强水素养的基础理论研究，水利部发展研究中心与华北水利水电大学连续多年共同开展研究工作。华北水利水电大学王延荣教授及其研究团队以严谨的科学态度，开拓创新，在查阅大量文献和广泛征求意见的基础上，建立了评价体系和模型，开展了问卷调查，为提出我国水素养的内涵和基本构成、水素养评价等一系列水素养基础理论和评价方法提供了有力支撑。

《公民水素养理论与评价方法研究》在总结吸纳国内水文化研究进展与水情教育行动实践经验的基础上，提出水素养的概念和内涵，在借鉴国内外科学素养测评、环境素养测评及水素养测评等相关研究的基础上，运用定性及定量的研究方法，构建公民水素养评价表征模型、公民水素养评价指标体系，并深入分析水素养内涵间的逻辑关系及不同因素对水素养指标的影响，为相关部门有针对性地提高不同群体的水素养水平提供依据。为验证评价指标体系和评价方法，选择北京市、河南省郑州市、广西壮族自治区河池市及宁夏回族自治区青铜峡市四个城市开展试点调查，取得了具有科学参考价值的研究成果，为水素养深入研究积累了宝贵的数据资料。

相信《公民水素养理论与评价方法研究》的出版，将有助于扩大水素养在全社会的认知度和影响力，促进社会各界关注、支持和参与水素养的普及宣传，使水素养理念逐步成为社会共识并影响公众生产生活用水的各个环节，促进实现全民节水爱水、文明用水的社会风尚。同时相信该书对从事水利政策、水情教育、水文化和水素养相关研究的专家学者具有一定的借鉴和参考价值。

2017 年 11 月于北京

前　言

　　水是生命之源、生产之要、生态之基。中国人均水资源量为 2 173 立方米，仅为世界平均水平的 1/4。近年来，随着经济社会快速发展和全球气候变化影响加剧，水资源短缺、水灾害频发、水生态损害和水环境污染等问题愈加凸显，并已成为制约经济社会发展的突出瓶颈。提升全民的爱水惜水节水护水的意识和能力是解决新老水问题的重要基础。2011 年，水利部发展研究中心提出了公民水素养这一概念，形成了水知识、水态度和水行为的概念框架。2015 年，陈雷部长在中国水利学会第十次会员代表大会开幕式上明确要求，应当"抓好科普宣传，着力提高全民水素养"。提高全民水素养是保障中国水安全的重要前提，是依法治水管水的重要抓手，是凝聚社会力量、形成全民共识实现节水治水兴水的重要基础。

　　为推动我国全民水素养工作，水利部发展研究中心组织开展了"全民水素养调查评价与推进策略拟定"等项目研究工作。课题组在广泛查阅相关文献、进行专家咨询、开展实地调研的基础上，进行深入研究。第一，课题组从素养的内涵入手，对水素养的内涵予以界定，并通过文献研究和专家访谈结合国内外的水素养研究，在阐述水素养概念的基础上，对水素养的基本构成进行探究；第二，梳理分析国内外科学素养、环境素养及水素养的概念和测评方法，作为后续研究的重要借鉴；第三，对水素养的表征因素进行提取，并运用解释结构模型（interpretative structural modelling，ISM）对水素养的表征因素进行解析；第四，对公民水素养评价指标体系进行初步构建及优化，并借助专家打分和层次分析法（analytic hierarchy process，AHP）确定各级指标的相应权重，构建公民水素养评价指标体系；第五，设计了公民水素养调查问卷，并在北京、郑州、河池及青铜峡四个城市开展试点调查与评价，对评价指标体系和评价方法进行初步验证，得到一些有价值的研究结论，为后续研究积累经验。

　　课题立项以来，课题组多次组织召开专家咨询会，针对公民水素养评价指标、公民水素养调查问卷进行专家咨询；针对公民水素养调查问卷随机选择目标调查对象进行预调查和问卷咨询，结合不同年龄、学历、身份群体的意见对调查问卷的语言表述进行反复推敲及修改，从而保证调查问卷的通俗性。同时，在试点城市问卷调查发放的过程中，课题组采用了街头随访、入户调查、单位组织及网络平台等多种调查方式，为未来全国范围的公民水素养调查工作积累了丰富的经验。课题研究过程中，得到水利部办公厅、水利部发展研究中心、华北水利水电大学等有关单位领导与专家的指导和帮助，在此表示衷心感谢。

　　本书在研究和写作过程中的主要分工如下：王延荣教授、孙宇飞高级工程师和王乃岳研究员负责研究大纲及本书通撰，何慧爽副教授、卢亚丽副教授、许冉博士、王寒博士、田康硕士和孙志鹏硕士参与研究工作并负责各章节的撰写工作。另外，王乃岳研究员还主持了河池市的问卷调查工作，水利部发展研究中心办公室的杨大杰、王晶、姜鹏等同志参与了北京市的问卷调查和资料收集工作。同时，水利部发展研究中心杨得瑞主任和王一文副主任、水利部水情教育中心毕玉娟主任、中国水利报社周文凤总编辑等领导和专家在研究过程中给予了精心指导与支持，感谢他们为项目研究以及本书出版付出的努力。

　　由于水素养理论研究与评价实践是一个全新的研究领域，我们所做工作仅仅是这方面研究的一次粗浅的尝试，书中难免存在不妥之处，而且还有许多东西需要进一步完善，望各位专家和学者批评指正。

王延荣

2017 年 11 月

目　　录

第1章 公民水素养基本内涵与构成

1.1 公民水素养概念的提出

1.1.1 水文化研究的兴起与发展

1. 水文化研究的兴起

人类文明多始于大河流域，水文化历史悠久，内涵深远且外延宽泛。中华民族缘水而生，依水而存，因水而兴。勤劳智慧的中华民族历经了认识水、改造水、利用水和欣赏水的伟大实践。从原始社会末期大禹治水的神话传说，到春秋吴国古运河的开凿，隋朝大幅度扩修和元朝的翻修，京杭大运河工程至今已有 2 500 多年的历史。从 2002 年立项在马里亚纳海沟共完成 7 次下潜试验，最大下潜深度为 7 062 米的"蛟龙"号已有十几年历史，创造了全球同类型载人潜水器最大下潜深度纪录，到举世瞩目的南水北调中线工程的贯通等，无数的水利壮举创造积淀并形成了博大精深、源远流长的水文化。水是生命之源，是人类赖以生存的物质基础。自从有了人类，人们就与水结下了不解之缘，并在丰富的社会实践活动中创造了生动的水文化。

水文化是群体表现出的共性，是一个社会化的领域，水文化对人们行为的指导具有深刻的影响，主要内容包括与水有关的思想意识、价值观念、行业精神、科学著作、文学艺术、风俗习惯、宗教仪式、治水人物和经典工程等。现代学者从哲学、历史学、社会学、经济学和文化学等不同学科对水文化的内涵进行了深入的探讨与科学阐述，具有丰富的观点。

1989 年，李宗新发表的《应该开展对水文化的研究》是目前能查到的国内提到水文化一词最早的文献，从此在我国兴起了水文化的研究。李宗新在《漫谈中华水文化》中提到的水文化，基本是属于文化学中文化外延的领域，他认为，水文化包括有关水的神话传说、历史、哲学、艺术、史籍甚至与水有关的科学技术。

2002 年，李宗新重新提出水文化的问题，他指出水文化是一种反映水与人类、社会、政治、经济和文化等关系的水行业文化。他对水文化的初步界定如下：水文化是人们在从事水务活动中创造的以水为载体的各种文化现象的总和，是民族文化中以水为轴心的文化集合体。同年，他在《再探中华水文化》中提出，任何一个行业，如果只有物质产品，没有精神产品，没有自己行业的文化，没有自己行业的思想、精神、理论和哲学，就不可能成为真正意义上完整的行业，就不可能立足社会，更谈不上发展。水利事业是一项历史悠久、前途远大的伟大事业，它有悠久灿烂、博大精深的行业文化，即水文化。

2. 水文化研究的发展

关于水文化的概念、水文化的分类、水文化的功能等基本问题的研究，主要分布在期刊论文和有关专著的理论研究部分。代表性的研究人员包括李宗新（2005a，2005b）、靳怀堾（2005）、孟亚明和于开宁（2008）、赵爱国（2008）等。代表性的著作研究者有李宗新等（2008）、郑晓云（2008）、李宗新和闫彦（2012）、饶明奇（2013）等。经过多年的研讨，水文化的内涵和外延得到不断丰富拓展，目前已形成初步共识。water culture 一词的原意是水栽培法（hydroponic cultivation），而水文化是人类在社会实践、生活过程中与水发生关系所生成的各种文化现象的统称，是以水为载体的文化集合体。中华水文化博大精深，中华水文化和中华文化同根同源，坚持先进文化的前进方向，传承和弘扬积极健康的水文化，对推进经济发展和社会进步发挥了重要作用。目前，水文化概念界定已有数十种，对水文化概念的界定，有一个不断认识和逐步深化的过程。综合国内外学者的观点，普遍认为，水文化是在水与人们生活和社会生活的各个方面发生联系的过程中，人们以水为载体，在各种水事活动中，创造的物质财富和精神财富的总和。这些联系主要包括水与人们的生存、生活、生产方式，以及水与社会的文明、经济、政治、军事、生态等方面的内在联系。

水文化具有以下特征：

（1）水文化形成发展的基础是人类对水的认知。水文化是人类对水事活动的理性思考，是人类对水的认识和理解，以及对水的有效利用和治理。人类对“水是什么”的科学性、对“水为了什么”的价值性以及“如何对待水”的实践性，是水文化的核心问题。人类对水的认识不断深化和拓展，是水文化发展的主要动力（程宇昌，2014；戴锐，2014；郑晓云，2014；邓俊等，2016）。

（2）水文化是人类在社会发展进程中创造的与水有关的科学、人文、历史等方面物质和精神成果的总和。水文化与人类文明、社会发展关系密切，人类在长期的水事活动中既创造了价值观念、哲学理论、文学艺术和制度规范等精神成果，也创造了文化设施、环境景观和水利工程等物质成果。水文化成果内容丰富，具有历史文化价值、艺术价值、科技价值、经济价值和水利功能价值等（汪健和陆一奇，2012；闫彦，2015；胡早萍和陈立立，2017）。

（3）水文化是群体呈现出的文化现象。2006 年联合国教育、科学及文化组织（United Nations Educational, Scientific and Cultural Organization，UNESCO，简称联合国教科文组织）发布的世界水日"水与文化"主题宣言中这样说道，无论哪一个国家或者地区，它们对水都有自己的见解。水文化是民族文化的重要组成部分，是一个群体（国家、民族、地区等）在一定时期内形成的与水有关的思想、伦理、习惯、行为，以及由这个群体整体意识所辐射出来的一切活动，是群众自发参与、共同创造的具有一定地域特色的成果（李宗新和闫彦，2012；胡早萍和陈立立，2017）。

水文化既是中国传统文化的重要组成部分，也是人类优秀文化成果的重要组成部分，而且水文化建设是当代社会主义文化建设的重要组成部分。水文化作为中华传统文化和当代文化建设的重要组成部分，对人们思想观念、道德情操和意志品质的养成发挥着潜移默化的作用，引导着公民从文化角度审视水问题，正确认识和处理人与水的关系。公众是推动水文化建设的重要力量，提升公民水素养能够使优秀水文化得到弘扬和传承，并促进优秀水文化的丰富和发展。

1.1.2　水情教育行动及其实施

水情教育（water education）在我国是一个近年来涌现出的相对较新的概念，而在国际上水情教育的实践可以追溯到 19 世纪。当时，水情教育作为国民教育的一个组成部分，重要性日益突出，也陆续开展了实践活动，但是把水情教育正式纳入全国规划的国家首推法国。20 世纪 60 年代，法国针对国内五条河流建立了水机构（water agency），每个机构由当地的用水者代表组成，共商地区水资源管理，并将对民众的水知识教育纳入五年工作规划中。1970 年，自然资源保护协会、世界自然保护联盟和联合国教科文组织在美国内华达州召开"学校课程中的环境教育国际会议"，并于 1980 年设计了学校环境教育课程体系框架，水情教育随之融入学校教育体系。1977 年，美国成立了国际上首支水情教育基金（water education foundation），主要服务于以加利福尼亚州为主的西南部各州郡，它系统地将水情教育中的国民教育与学校正规教育融为一体，针对不同人群（学校和大众）的相关教育材料、读本，举办水情实践活动、讲座，并于 1984 年开发了针对学校老师的培训项目即 water education for teachers，等等。

在我国，随着"十三五"时期经济社会可持续发展面临的水资源节约与保护压力进一步加大，水情教育工作为增强公众国情水情意识、培养公众水道德、促进公众参与水管理和节水护水的重要手段，其重要性日益凸显。2015年6月，水利部会同中共中央宣传部、教育部、共青团中央编制完成《全国水情教育规划（2015—2020年）》，以水状况、水政策、水法规、水常识、水科技和水文化作为水情教育的主要内容，其目的在于增进全社会对水情的认知，增强全民水安全、水忧患、水道德意识，提高公众参与水资源节约保护和应对水旱灾害的能力，促进形成人水和谐的社会秩序。

1. 水情教育的价值意义

水情教育是以政府部门为主导的，学校、企业和社区等共同协作配合，针对不同受众的特点，分类施教，因地制宜，引导公众不断加深对我国水情认知的实践活动。开展水情教育既是时代发展的要求和人类发展进步的需要，也是培养高素质综合型人才的重要途径，有利于在全社会树立人水和谐的理念，积极培育人水和谐的生产生活方式，为实现可持续发展提供文化支撑力。

（1）水情教育有利于弘扬社会主义核心价值观。开展水情教育，既是利用水文化资源培育人、塑造人、发扬人文精神、提升公众精神境界的一种重要形式，更是建设和谐社会、弘扬中华传统文化和中华民族精神的重要内容与途径。水文化的核心价值体系是"水润天下，惠及万物"的可持续发展理念，是"人水和谐"的共同理想，是大禹治水的民族精神和"献身、负责、求实"的水利行业精神，是"上善若水"的基本道德规范。这一科学的水情教育思路，是中国特色社会主义核心价值体系的具体体现和运用，是有效解决中国水资源问题、保障经济社会可持续发展的必然选择，具有坚实的实践基础、鲜明的时代特征和丰富的科学内涵，必将指导中国建设事业又好又快地向前发展。加强水情教育，全面提高全民族的思想道德素质，以及提升整体国民素质，必将产生巨大的民族凝聚力和向心力。

（2）水情教育有利于强化人水和谐理念。实施水情教育的根本目的就是要培养我们的人水和谐思想，以此促进水资源的可持续利用。一方面，通过水利教育，人们可以更深入地学习我国古代先贤提出的"人水和谐"理念。另一方面，人们可以从著名的水利工程中具体地体悟人水和谐理念，明白水资源短缺、水污染、水土流失等问题已严重影响全球经济社会的和谐发展。当前，我们更应在多元的社会架构中，更加注重遵循自然规律，千方百计地实现人与水、人与自然的和谐相处，让碧水清澈长流，为社会可持续发展提供有力保障。因此，水情教育通过知识育人、理念育人、管理育人、服务育人和环境育人，能够培养全社会亲水、爱水、节水和惜水的意识，养成良好的水行为，特别是把和谐理念融入建设的全过程，大力倡导人与人、人与社会、人与自然和谐相处，重点强化人水和谐理念，推进人与水和谐相处，形成人人"安全用水、节约用水、生态用水、文明用水"的良好氛围，促进资源节约型、环境友好型社会建设。

（3）水情教育有利于推动水利事业发展。水利是一项功在千秋、利在当代的伟大事业。随着经济社会的快速发展，我国水利事业由传统水利向现代水利转变，工程水利向资源水利转变，单一实用水利向多功能水利转变，人们对水利事业文化的需求不断增多，以水生态文明、先进水环境设计理念为指导，建立更多赏心悦目、有文化内涵的水利工程，是当代水利发展的必然。首先，水情教育的先进理念，无疑将会有力促进水利建设领域重要理念和理论支撑的提升，促进当代水利事业健康发展，满足人们日益增长的对水利事业的需求。其次，通过水情教育，激发广大水利职工干事创业的积极性，产生共同热爱水利事业的使命感、归属感和认同感，从而产生强大的动力，使职工热爱本职工作，关心水利事业发展。最后，通过水情，创造共同文化氛围，有利于确立一种共同的价值观，引导职工自觉调整个人行为规范，提高职工综合素质。通过水情教育，推广水文化，培育人、塑造人，全面提高水文化在职工思想道德建设中的地位和作用，推动水利事业不断提升。

2. 水情教育的主要行动

近年来，经过专家学者的呼吁，水情教育的重要性正在得到学术界、教育界、各级行政部门，尤其是水利系统的领导的重视，我国水情教育取得了可喜的成绩。

（1）学校水情教育。开展水情教育的学校不断增多，课程建设得到加强。河海大学、华北水利水电大学、浙江水利水电学院等水利院校，先后开设了"中华水文化概论"选修课程。华北水利水电大学面向全校学生开设公共选修课——"中国水文化概论"课程，普及水文化知识，培养学生的水文化素质，在教学过程中充分发挥教育资源，创设水的意境，运用水之情的教育方法，让学生在学习水文化知识的过程中感受大自然。通过水情教育，推广水文化，培育人、塑造人，营造亲水、爱水、节水和护水的社会意识，提升社会公众的文化素养，实现人与水、人与自然、人与环境和谐发展。

课程之外，很多水利院校还在"世界水日""中国水周"等水文化主题宣传活动中，积极开展大量丰富多彩的水情教育活动，宣传我国面临的水形势，传承水文化。例如，华北水利水电大学组织学生积极参加河南省水利厅、河南省摄影家协会主办的水文杯"生态河南、美丽家园"摄影作品大赛，使人们在优美的风景中感受水的魅力。校团委、水文化研究会联合组成的大学生暑期社会实践团队开展"三水行"主题活动，以水利工程认知之行、水利发展战略领会之行、水文化感悟与弘扬之行为主题，进行水情教育的宣传弘扬工作。

（2）水情教育活动。水利系统以水情教育为载体的思想政治教育活动和群众性精神文明创建活动广泛开展，为凝聚人心、服务大局、促进发展、深化改革提供了强大的思想政治保障和文化支撑力量。2011年10月20日至24日，全国首期水文化培训班在郑州成功举办。此次培训班由水利部精神文明建设指导委员会办公室和中国水利文学艺术协会主办，由华北水利水电大学承办，来自全国水利系统的140余名精神文明建设工作者、水文化工作者、行政领导干部和水文化研究爱好者参加了培训。该培训主要围绕水文化建设的重要意义及主要任务、水文化的内涵与外延、水文化研究的简要历程及成果、人水情缘与和谐水利、河流伦理学的探讨、水文化与水景观等内容进行专家讲座及学习研讨。此后，水利部文明办每年一次分别在浙江、北京、天津、郑州等地举办水利系统水文化职工培训班，并且培训内容不断深入，参加培训的人员范围不断扩大。

（3）水情教育教材建设。最早的水情教育教材是由中国水利文学艺术协会李宗新、靳怀堾和尉天骄主编的，黄河水利出版社2008年出版的《中华水文化概论》可作为代表。该书奠定了水文化的基本理论基础，是一本入门之作。水情教育研究的不断深入和广泛开展，急需分类编写水文化教育教材。基于此，2014~2015年中国水利水电出版社组织国内水文化研究的专家学者和高等院校教师，编写出版了"中华水文化书系"三个系列，分别为图说水文化系列、专题研究系列和教材系列，总计26个分册，约720万字。其中，教材系列包括《中华水文化通论》（大学生读本）、《水文化教育研究生读本》、《水文化教育高中生读本》、《水文化教育初中读本》、《水文化教育小学读本（高年级）》、《水文化教育小学读本（低年级）》、《水文化职工读本》和《水文化教育大众读本》等。这套丛书的编写出版，分别针对不同的教育对象，初步解决了水文化分类分层教育的教材问题。

（4）水情教育基地建设。国家水情教育基地由水利部认定，是依托已有设施及场所面向社会公众开展水情教育，具有显著教育功能和示范引领作用的教育平台。《国家水情教育基地设立及管理办法》要求，"各基地要注重创新，突出特色，加强管理，不断提升面向公众开展水情教育的能力和水平，充分发挥国家水情教育基地的示范引领作用"。中国水利博物馆、中国京杭大运河博物馆、黄河博物馆（新馆）和小浪底水利枢纽风景区等相继建成使用，对社会公众开放。水利部依托《中国水利报》，成立了中国水情教育中心，并于2016年在北京节水展馆、天津节水科技馆、河道总督府（清宴园）、中国水利博物馆、华北水利水电大学、深圳水土保持科技示范园、白鹤梁水下博物馆和陕西水利博物馆等单位设立了水情教育基地。华北水利水电大学建立了水文化陈列馆和水文化信息资源库，浙江水电学院建立了水文化长廊，等等。

水情教育的核心是引导公众知水、节水、护水和亲水，增强民众的水资源共同拥有意识和护水、节水的社会责任感，帮助和引导人民群众改掉各种对保护水生态与水资源有害的生活习惯、生产方式等。水情教育有助于增进社会公众对水情的认知，促进公众主动参与水管理，积极投身到保护水环境和节约水资源的行动中，从而有效提升公民水素养水平。

1.2　公民水素养概念及特征

1.2.1　素养相关概念

素养，根据《辞海》解释，可以有以下含义：①修习涵养；②素质与教养；③平时所养成的良好习惯。最初的"素养"是指由训练和实践而获得的一种道德修养。例如，《汉书·李寻传》中"马不伏历，不可以趋道；士不素养，不可以重国"；《后汉书·袁绍刘表列传》中"越有所素养者，使人示之以利，必持众来"；等等。后来"素养"也指由训练和实践而获得的技巧或能力。现在"素养"多用于指人们通过不断地自我修养和自我锻炼，在某一方面所达到的较高的水平和境界，是在长期过程中形成的一种价值观和生活方式，对人的生活态度、方式和行为等有稳定作用，如科学素养（scientific literacy）和环境素养（environmental literacy）等。

素养不只是后天训练和实践而获得的技巧或能力，还是个体在文化、科学、人文等方面的综合表现，包括知识、能力、思想和技巧等。联合国教科文组织（UNESCO，2003）对 literacy（素养）有下面的定义：素养是这样一种能够识别、理解、解释、创造、交流和计算并使用与各种情境相关的文字材料的能力。素养包括个体能够持续学习达到目标，发展他的知识和潜能，并能完全参与到广阔的社会中。在《韦氏词典》和牛津词典中，literacy 一词狭义的意思是指读和写的能力，而广义的意思则包含了一个人受教育的状况以及一般的技能，可以将其分为两类：第一类为传统的能力，包括读、写、算和辨识记号的基本能力；第二类为功能性的能力，意指个人为经营家庭和社会生活及从事经济活动所需的基本技能，也可以定义为一个群体为其成员能达到自我设定的目标而所需的基本能力。个人为了适应社会生活，必须与外界做有效的沟通与互动，为此所需具备的基本能力就是素养。

1.2.2 水素养的概念

在分析借鉴上述研究的基础上，我们认为，水素养是指人们在生产生活中逐步研习、积累而形成的关于水生态环境、人与水生态环境的关系及人类对待水生态环境行为的一种综合素质，是必要的水知识、科学的水态度与规范的水行为的总和。

水素养的形成是先从个人对水知识的掌握开始，进而水知识内化为水态度（动机、兴趣、情感、价值观等），并用来指导自己的行动，培养和形成正确的水行为。

（1）水知识是水素养形成的基础。对公民进行基本的水科学知识、水资源利用知识、水生态环境管理和保护知识的传授宣传是必不可少的，只有掌握最基本的知识和技能，才有可能正确地了解我们所面临的一系列水生态环境问题，以及处理好水生态环境与社会发展的关系。因此，水素养教育的首要任务就是让公民充分认识到人与水生态环境协调发展的必要性和保护人类赖以生存环境的责任感。具有较高的水生态环境保护意识的公民是解决我们所面临的水生态环境问题的根本保证。

（2）水态度是人们对待、处理、改造水生态环境及处理与水生态环境关系的意向，体现为个体在心理上对水生态环境的敏感度，包括水情感、水责任和水伦理等，具体表现如下：对大自然怀有敬意；热爱、欣赏自然美；对优雅的水生态环境感到愉悦；对水生态环境因人类活动受到损坏感到担忧；厌恶损害自然的行为，对破坏水生态环境的恶性事件表示愤怒；等等。水态度的核心是关于人类尊重、爱护与保护水生态环境的伦理道德。随着水素养教育的发展，水伦理观在水素养中日益成为重要内容，它是一种深层次的环境思想境界，对指导和影响个人的生产行为与生活习惯具有重要意义。

（3）水行为是公民在具有必要水知识、科学水态度之后所采取的参与解决各种水生态环境问题的行动。水行动体现为把以上对水的情感、责任和伦理道德观等落实在个人的行为中，实现知行合一，具体表现如下：掌握分析、解决和处理水生态环境问题的有关方法与技巧；自愿为改善某一水生态环境问题从自我的日常生活行为开始做起；采用一种有利于水生态环境的生活和消费方式；爱护水环境、节约水资源成为个人自然而然的行为习惯，并能积极影响他人。

因此，水知识是水素养的最基础层次，水态度是联系水知识和水行为的纽带，而水行为是水素养的核心内容。

1.2.3 水素养的特征

水素养是经过后天教育和社会环境的影响，由知识内化而形成的相对稳定的个人品质，是知识积淀、内化的结果，会相对持久地影响公民对待外界和自身的态度，并通过外在形态（人的言行）体现出来。水素养的特征表现为以下四个统一：

（1）水素养具有遗传性和习得性的统一。公民的水素养不是生来就有的，但先天遗传因素是公民水素养形成和发展的前提条件。后天的教育和社会环境的影响，以及自身实践才是公民水素养形成和发展的决定性因素。例如，缺水地区的居民会自觉地在生活中节约用水，居住在河道地区的居民会具有丰富的水灾害避险知识；等等。因此，通过水素养宣传和教育，公民水素养可以得到培养和提高。

（2）水素养是内隐性与外显性的统一。水素养是后天习得的品质，这种品质不是直接显露出来的，而是在公民参与解决各种水生态环境问题的行动中逐渐体现出来的，具有内隐性。另外，水素养深刻、普遍、持久地决定或影响人的言行举止，也只有通过水行为的实践，内在水素养才能够表现出来。从这个意义上说，水素养具有外显性，因而是可以测评的。

（3）水素养是稳定性与发展性的统一。水素养是公民的水知识内化升华的结果，一旦形成则难以改变，因而具有稳定性。同时，水素养的稳定性只是相对的，公民的水素养可以通过后天的经历、环境的影响、教育的作用，尤其是通过个体的努力而改变。例如，个人的水素养水平在接受水素养教育之后会变化，经历过水灾害的公民会愿意学习更多的避险技能。因此，公民的水素养又是一个发展的过程，总是按照一定的规律经过若干层次逐步发展而成，由量变到质变，从不稳定到比较稳定，从较低水平到较高水平，不断扩展、深化和延伸。

（4）水素养是共性与个性的统一。每个人都生活在一定的社会和群体之中，社会、群体与个体相互作用，使个人水素养中包含了社会、群体中一些共性的内容。例如，公民的水伦理观念会受到社会的主流意识形态、历史文化传统的影响，因而个体的水素养具有共性。但由于后天社会经历的不同，每位公民的水素养特点和发展水平都是不一样的，从事水污染治理工作的专业人员会更熟悉水污染知识，也具有更强的护水意识。所以，水素养具有个体性和独特性，不应也绝不可能强求一致。

1.3　公民水素养的基本构成

1.3.1　水知识

水知识是水素养的最基础层次，由于水生态环境的复杂性及综合性，所以水知识涵盖的内容非常广泛。在考虑社会生产、生活与水资源关系的基础上，把水知识分为三类：一是水科学基础知识；二是水资源开发利用及管理知识；三是水生态环境保护知识。

1. 水科学基础知识

水科学基础知识主要包括水的物理与化学知识、水分布知识、水循环知识、水的商品属性相关知识以及水与生命相关知识等。

（1）水的物理与化学知识。水的三态可以在自然状态下共存，在不同温度控制下会互相转化。常温常压下，水是无色无味的透明液体。标准大气压下，水在0℃时结冰，在100℃时变为水蒸气。人工降雨（水）是根据自然界降水形成的原理，人为补充某些形成降水的必要条件，促进云滴迅速凝结或并合增大成雨滴，降落到地面，是人类对水的三态变化的应用。水由氢、氧两种元素组成，水的化学式是 H_2O。水的硬度主要是指水中钙离子、镁离子的总浓度。水质指标主要包括物理指标、化学指标、微生物指标和放射性指标等。

（2）水分布知识。了解地球上的水资源分布及特点，淡水资源的稀缺性，我国水资源储量及分布，本地水资源储量及分布，本地饮用水来源，等等。

（3）水循环知识。水循环是指地球上不同地方的水，通过吸收能量，改变状态到地球上另外一个地方。例如，地面的水分被太阳蒸发成为空气中的水蒸气。地球中的水多数存在于大气层、地表、地下、湖泊、河流及海洋中，水会通过一些物理作用（如蒸发、降水、渗透、表面的流动和地底流动等），由一个地方移动到另一个地方。水循环的影响因素有自然因素和人为因素：自然因素主要有气象条件（大气环流、风向、风速、温度、湿度等）和地理条件（地形、地质、土壤、植被等）；人为因素对水循环也有直接或间接的影响。人类活动不断改变自然环境，越来越强烈地影响水循环的过程。例如，人类构筑水库，开凿运河、渠道、河网，以及大量开发利用地下水等，改变了水原来的径流路线，引起水的分布和水的运动状况的变化。城市和工矿区的大气污染与热岛效应也可改变本地区的水循环状况。

　　（4）水的商品属性相关知识。水资源既是一种重要的自然资源，也是商品，受价值规律的调节。水权、水价是促进水资源优化配置以及提高用水效率的重要经济手段。水资源具有公共资源特征，用水和享受美好的水生态环境是每个人都享有的基本生存权利，具有广泛意义上的非排他性。但水资源作为基础性自然资源和经济性战略资源，还具有排他性，即国家制定了严格的取水管理基本制度，以约束人们的取水行为和用水权利。同时水权具有外部性，即水权主体的行为会对外部（给他人）带来利益或损害。例如，过量开发利用水资源，不仅影响他人用水权利，还会引起水生态环境破坏等；而合理开发利用水资源，会提高水资源的开发利用潜力，尤其是通过水工程措施抵御洪水、美化水生态环境等。此外，水权的分配实质也是经济利益的调整，在现代社会，获取水权的份额越大，其生产及发展潜力获得的保障就越大，获得的比较优势和带来的经济利益也越大。水价是实现水的商品交换、成本回收和经济再生产的基础，也是推动节水强有力的经济杠杆，更是政府调控消费者经济负担、提供福利的渠道。因此，水价发挥回收成本、优化配置资源、推动节水和调控用水者经济负担等几方面的功能。水是越来越稀缺、紧俏的资源，合理的水价应当反映效率与公平的均衡。

　　（5）水与生命相关知识。了解水与生命起源、身边的水、身体中的水。

　　2. 水资源开发利用及管理知识

　　水资源开发利用及管理知识主要包括水资源开发利用知识和水资源管理知识。

　　（1）水资源开发利用知识。生产生活用水根据用途的不同，可以划分为很多不同层次的类型。常用的用水类型主要包括生活用水、农业用水、工业用水及其他行业用水。例如，生活用水主要是指农村、城镇家庭生活用水（包括饮用、洗漱等）、公共生活用水（包括学校、商业、餐饮业、住宿业、环卫和城市绿化用水等）；农业用水主要是指农田灌溉用水（包括水田和水浇地的人工补充水量等）、牲畜用水（包括牧场、养殖场用水等）、林业用水（包括林地灌溉用水等）和渔业用水（人工渔场、鱼塘用水等）；工业用水可以根据国民经济行业细分为各个行业的用水，如食品工业用水、纺织工业用水、冶金工业用水和石化工业用水等。

　　一般来讲，可供开发利用的水资源类型主要有地表水、地下水、城市污水与工业废水三种类型。由于地面水资源的种类、性质和取水条件等各不相同，地下水的类型、埋藏条件和含水层性质等也存在差异，所以应当根据水文地质条件和当地需要，选择适宜的水资源开发利用方式。城市污染与工业废水这类水源主要是再利用的问题。污水灌溉是指经过一定处理的生活污水、工业污水或工业和生活混合污水灌溉农田。利用污水灌溉还能增加肥源和改良土壤。这里应当按照农田灌溉用水水质标准的规定，控制灌水定额，禁用未经处理的污水灌溉农田，以免给人体和环境带来危害。

（2）水资源管理知识。我国现行的水资源管理组织体系是流域管理与行政区域管理相结合的模式。国务院水行政主管部门——水利部，负责全国水资源的统一管理和监督工作。此外还有流域管理部门，包括水利部松辽水利委员会、海河水利委员会、淮河水利委员会、黄河水利委员会、长江水利委员会、太湖流域管理局和珠江水利委员会。水资源管理手段主要有法律手段、行政手段、经济手段、技术手段及教育手段等。法律手段是管理水资源及涉水事务的一种强制性手段，依法管理水资源是维护水资源开发利用秩序，优化配置水资源，消除和防治水害，保障水资源可持续利用，以及保护自然和生态系统平衡的重要措施。采取行政手段管理水资源主要是指国家和地方各级水行政管理机关，依据国家行政机关职能配置和行政法规所赋予的组织和指挥权力，对水资源及其环境管理工作制定方针、政策，建立法规、颁布标准，进行监督协调，实施行政决策和管理，是进行水资源管理活动的体制保障和组织行为障碍。水资源既是重要的自然资源，也是不可缺少的经济资源，借助经济手段，运用水价的导向作用和市场经济中价格对资源配置的调节作用，促进水资源的优化分配和各项水资源管理活动的有效运作。运用技术手段，减少水资源消耗，控制对水资源及其环境的损害，实现水资源开发利用及管理保护的科学化；依靠科技进步，采用新理论、新技术和新方法，实现水资源管理的现代化。

宣传教育既是水资源管理的基础，也是水资源管理的重要手段。通过报纸、杂志、广播、电视、展览、专题讲座和文艺演出等各种宣传教育形式，公众可以了解水资源管理的重要意义和内容，形成自觉节水爱水护水的社会风尚，更有利于各项水资源管理措施的执行。同时，通过教育手段培养专门的水资源管理人才，全面加强水资源管理能力建设力度，有利于提高水资源管理的整体水平。

3. 水生态环境保护知识

水生态环境保护知识主要包括人类活动对水生态环境的影响、水环境容量知识、水污染知识，以及水生态环境行动策略的知识和技能等。

（1）人类活动对水生态环境的影响。水是人类活动中不可替代的重要因素，人类因自身的生存和发展，需水量递增，自然取水难以为继，因此千方百计地来改造天然水在时程变化和流动路径中本来的状况，以适应人类用水在时间上和地点上的要求；同时，为减少洪水带来的灾害损失，不断实施工程和非工程措施控制与减少洪水泛滥的影响范围，这使人类活动对天生水资源的干扰越来越大。另外，人类生活、生产排放的废污水和废气，对天然水资源的侵害也越来越大，并增加了大气中温室气体的数量，导致部分臭氧层被破坏，改变了大地与大气间水分和热量的交换能力，引起全球气候变化，反映为气温、降水和蒸发的变化。

（2）水环境容量知识。水体所具有的自净能力就是水环境接纳一定量污染物的能力。一定水体所能容纳污染物的最大负荷被称为水环境容量，即某水域所能承担外加的某种污染物的最大允许负荷量。它与水体所处的自净条件（如流量、流速等）、水体中的生物类群组成、污染物本身的性质等有关。一般情况下，污染物的物理化学性质越稳定，其环境容量越小；耗氧性有机物的水环境容量比难降解有机物的水环境容量大得多；而重金属污染物的水环境容量则甚微。水环境容量与水体的用途和功能有十分密切的关系。水体功能越强，对其要求的水质目标越高，其水环境容量必将越小；反之，当水体的水质目标不甚严格时，水环境容量可能会大一些。正确认识和利用水环境容量对水污染的控制有重要意义。

（3）水污染知识。水污染分为天然水污染和人为水污染两类。天然水污染的指标主要有矿化度、总硬度、水的类型、水的 pH、离子径流量和离子径流模数等，其中以矿化度和离子径流模数最常用。人为水污染的主要因素如下：工业生产过程中排放大量的废水和冷却水，部分含有有毒元素和有害元素，并随水流入水体，使水质变坏，造成水污染；生活污水中的主要成分是无毒的无机盐类、需氧有机盐类和病原微生物类，污水中的氮和磷等营养物质排入水体后，某些浮游生物及藻类大量繁殖，使水体富营养化，造成水污染；农业生产使用的化肥、有机肥和农药杀虫剂等物质随水流冲刷流入水体，引起水污染，灌溉农田的水若流经有其他污染源的地区，也会引起水污染。同样，人类引起的生态环境破坏而造成的水土流失，也会带来水污染。

（4）水生态环境行动策略的知识和技能。水生态环境保护是实现社会经济可持续发展和生态环境良好的重要措施。水生态环境保护必须依靠科学理论作为指导和依据。水生态环境问题的发生、发展和分布受到自然、社会与经济因素的影响及制约。只有对这些因素的相互作用及其分布进行研究，才能弄清水生态环境问题的演变规律，为制定水生态环境保护措施提供科学根据。

1.3.2　水态度

水态度是人的非智力因素在水及水生态环境问题上的体现，主要是由与水相关的情感、责任和伦理等构成，表现为人们如何对待、处理、改造主客体以及主客体关系的意向。其中，水情感是由水及水生态环境问题所引起的人们心理活动的波动性与感染性；水责任是人类追求有利于水行为目标实现的一种义务；水伦理是调控人与水之间伦理关系的道德原则、规范的总和。

1. 水情感

水情感是个体根据一定的标准和规范评价自己或别人的水行为时所产生的情感。从本质上讲,水情感是心理机制的反映。因此,水情感的生成受到人的生理、认知及环境等因素的制约。在人类水行为实践中,水情感是最具有活力的因素,它使个体充满生机与活力,是人的全部水行为活动的枢纽。因此,全面深入地考察水情感的功能和作用,对提高全民水素养具有一定的现实意义,主要包括以下几点:

(1)移情功能。移情是指当看到他人的某种情绪时,通过推人至己的想象,能够理解他人的情感、欲望和心理感受的一种能力。移情是人的天性,是社会和谐的黏合剂,并赋予社会文明的道德氛围。人的心灵不仅易于感受同情的兴奋,它也深深地渴望把自己的情感交流给其他的心灵并得到他们对这些情感的反映。当我们高兴或痛苦时,渴望他人也快乐或痛苦;当我们在爱或恨、崇敬或轻蔑的时候,就觉得高兴或痛苦。在人类水行为活动中移情拉近了人与人之间的距离,并感染周围的人和事物,一个人对周围水现象的喜怒哀乐,自然流露出一个人的品质和情怀。

(2)评价反应功能。水情感是由人的需要是否满足决定的,当满足主体的某一需要时,主体便表现出高兴、得意和满意等肯定性情绪反应;当未满足主体需要甚至损害主体利益时,主体便表现出憎恨、厌恶、义愤和痛苦等否定性情绪反应。水情感的两极性是主体对水行为活动认识和评价的反应。由于主体总是包含个体的实践活动经验和知识,所以这种评价方式赋予评价以浓烈的情感色彩和主观性。在某一特定的历史时期或特定范围内,当水情感的评价反应高涨到一定程度,便能化作具体水行为。

(3)调控维系功能。人处在一定的社会关系中,在进行水行为活动时总要与他人交往和联系,水情感的传递、感染、交流可以促进人际思想和情感的理解与沟通,从而形成和谐的氛围。在人类具体水行为活动中,如果人与人之间团结友爱、互帮互助,个体就会倍感他人可亲可信,进而增强对他人的亲近感和对集体的归属感,增强集体的向心力和凝聚力,从而有益于水行为活动的发生。

(4)动力导向功能。当个体对水行为做出情感反应时,会产生积极的情感或者消极的情感,二者对水行为具有动力导向功能。在人类水行为活动实践过程中当个体持有积极的水情感时,水情感的功能被放大和强化,从而激励主体采取积极的行动;而持有消极的情感时,主体就会否定从而采取消极的行动,甚至无动于衷。积极的水情感对主体活动具有激励、强化和导向的功能,水情感的动力指向是强大的,它能促进水行为的发生。从某种意义上看,主体的水行为选择取决于水情感的力量和信念，因此，在水素养教育过程中，应培养受教育者的积极水情感，营造良好的水情感氛围，在家庭、学校和社会中都充满理解、关心、同情的气质，对无情、冷漠等水行为应加以谴责。

水情感的构成要素包括水兴趣和水关注。水兴趣是人们积极认识、关心水问题和积极参与水活动的心理倾向。水关注主要是指对洪涝灾害、水短缺、水污染的关注，以及对现有水资源管理方式有效性的个人判断等。

2. 水责任

水责任是人类追求有利于水行为目标实现的一种义务，即人类作为经济关系、法律关系和社会道德关系的主体，对人类水行为承担的法律义务、道德援助与支持。也就是说，任何人类个体或群体作为人类水环境共同体成员都应当对人类水环境共同体利益的维护乃至整个人类的存亡担当责任。具体而言，我们对水责任的内涵进行如下界定：

（1）水责任既是人类个体责任，又是集体责任，还是全人类共同的责任。责任有个体责任和集体责任之分，一般来说，一种责任要么是个体责任，要么是集体责任，少数情况下既是个体责任又是集体责任。例如，人们保家卫国的责任既是每个国民的责任，又是各个社会组织及政府的集体责任。水责任不仅是每个人类成员的个体责任，也是作为人类利益实现手段的企业、作为人们利益代表者的政府及其他社会组织的集体责任，而且，在水责任超越国界的情况下，它正演变为包括几乎所有主体在内的全球共同责任。

（2）水责任是一种社会责任。水责任不是人类对其他物种的责任，而是人类内部有关水的社会责任。水责任之所以是社会责任，主要是因为它的利益指向既不是孤立的个体，也不是某个特殊的群体，而是社会整体。它是为社会公共利益的维护而存在的。当然，同其他社会责任类型一样，水责任得到普遍履行而使社会整体的环境利益得到良好维护之后，最终受益的仍然是人类个体，这也是人们履行水责任的一大动力所在。

（3）水责任主要是一种事前责任，但同时不排除事后责任的存在。水责任的构成要素主要包括节水责任和护水责任。提倡水责任的主要意义在于鼓励和引导人们积极参与节水、护水行动，将水资源问题"防患于未然"，而不是强调事后对违反水道德或水法律的人进行道义谴责或法律制裁。因为事实已经证明，传统的道义谴责或者法律制裁的方式不但在水问题解决方面效果有限，而且会大大增加环境治理的成本，得不偿失。因此，我们必须提倡一种具有前瞻性的水责任，使人们在节水、护水中变被动为主动，变消极为积极，真正成为人类水环境共同体之中富有责任感的成员，并为人类共同环境利益的维护做出应有贡献。

在生态文明时代，人类要辩证地看待水，不能过度掠夺和破坏它，要大力提倡爱水、惜水和护水，将水视为我们的朋友，是有生命体的物质，是人的生命共同体，突出水责任，对水要有感恩之心，多考虑水的承载力，为"利水"而约束人的行为。

3. 水伦理

水伦理是调控人与水之间伦理关系的道德原则、规范的总和，泛指人与水之间以道德手段调节的种种关系以及处理人与水之间相互关系应当遵循的道理、原则和规范。其具有三层含义：一是以对人水关系的应然性认识为基础，并随着应然性认识的变化而转变；二是以人与水打交道过程中人的行为和价值选择为主要内容，以人水打交道过程中应该遵循的道德原则和规范作为判断人的行为品质及其影响的好坏、正当与否的依据，这意味着评判尺度应该是人的尺度和自然的（水的）尺度的辩证统一；三是水伦理的探究不仅涉及个人道德修养和精神追求层面，还包括社会层面人水关系综合治理、谋求经济政治社会永续发展中应该遵循的道理和规范以及自然生态层面选择人与天（水）协调，追求人情、天理（自然之理）内在一致的人与自然（水）和谐共生的价值追求。

当代水伦理注重三个层面的人水关系：①要在尊重自然、顺应自然和保护自然的总原则下，坚持以节约优先、保护优先、自然恢复为主的方针，节约每一滴水，珍爱每一个水体健康生命，给自然水体更多修复空间，确保生态空间山清水秀。②既要确保当代人生产、生活和生态的全面协调可持续发展，又要有代际伦理情怀，给子孙后代留下天蓝、地绿、水净的美好家园。③要坚持以人为本、人水和谐的核心价值理念。

为此，水伦理至少应当遵循公正、共享和补偿三大基本原则：①水公正原则。人类与水环境相互影响、相互作用和相互制约，共处于一个有机联系的生态共同体之中。水公正原则要求在这一共同体中，人类应当合理地履行自己的爱水、用水和护水的基本义务，规范开发水环境的秩序，促进人与水的和谐。在传统伦理学中，公正作为伦理学范畴，与公道、正义具有相似性。公即无私，正即不偏。公正就是从公心出发，不偏袒任何一方地调节各方利益关系。所谓水公正，也就是把生态公正原则运用到人与水环境的交往实践中去，在人们的用水、管水和治水的一切涉水实践中，合理分配权利与义务。既要公正地对待人类用水利益，也要公正地对待水环境，确保人水和谐。②水共享原则。就是指水作为公共资源，应该是人人共享，平等用水。也就是说，无论社会的高层还是普通百姓，无论是人类还是万物，都有满足自己生存与发展的合理公正的用水需要的权利。由于地球上水资源分布不均，人口耕地面积比例失调，共享水资源时就要求统筹兼顾，协调好各方用水利益关系，维护生态共同体中的每一个成员的水环境权利，是履行水公正的必然要求。具体表现为公民共同享有良好的水环境、让公民有平等的水环境知情权及合理开发水资源等。③水生态补偿原则。从水伦理角度，我们认为，水生态补偿原则应当在遵循生态补偿原则的基础上，对因人类的活动而导致水生态环境失衡的水生态系统进行补偿，使之保持水生态平衡；对因为人类发展而在保护水环境上做出个人利益牺牲的公民进行补偿。由于水源地多为贫困地区，本地人民想摆脱贫穷，只能发展无污染的项目，提高了产业准入的门槛，同时还得承担生态保护的责任，确保下游区域有充足的水量和无污染的水。为保护水源地生态环境，有的地区居民还得进行生态移民。这对本就落后的水源地区是经济发展的一种限制，增加了上游地区发展机会的成本，可以说，上游地区为下游受水区的生存发展做出了巨大牺牲，因此，受益的下游地必须对受损的上游地进行补偿。

1.3.3　水行为

水行为是公民具有了水知识、水态度之后所采取的参与各种水问题解决的行动。水行为可以分为四类，即水生态和水环境管理行为、说服行为、消费行为和法律行为。

1. 水生态和水环境管理行为

水生态和水环境管理行为是人们对水生态与水环境亲自能做的工作，从拣拾滨水垃圾到森林保育都属于水生态和水环境管理行为，目的是维护与改进水生态和水环境质量。其行为方式主要包括以下几点。

（1）参与节水护水爱水的宣传行为。宣传教育既是水生态和水环境管理的基础，也是水生态和水环境管理的重要手段。水资源科学知识的普及、水资源可持续利用观的建立、国家水资源法规和政策的贯彻实施、水情通报等，都需要通过行之有效的宣传教育来达到。同时，宣传教育还是从思想上保护水资源、节约用水的有效环节，它能充分利用道德约束力量来规范人们对水资源的行为。通过报纸、杂志、广播、电视、展览、专题讲座和文艺演出等各种传媒形式，广泛宣传教育，使公众了解水资源管理的重要意义和内容，提高全民水患意识，形成自觉珍惜水、保护水和节约用水的社会风尚，更有利于各项水资源管理措施的执行。

（2）参与水生态环境保护的行为。生态环境是人类生存发展的基础，水是生态环境不可缺少的最活跃的要素，在开发利用与管理保护水资源中，应把维护生态环境的良性循环放到突出位置，为实施水资源可持续利用，保障人类和经济社会实现可持续发展战略奠定基础、创造条件。通过加强管理，规范水事行为，扭转对水资源的不合理开发，逐步减少和消除影响水资源可持续利用的生活、生产行为与消费方式，遵循水的自然和经济规律，协调人与水、经济与水、社会与水、发展与水的关系，科学合理地开发利用水资源，维护生态环境及水资源环境安全。在水资源的开发利用中，既要考虑经济社会建设发展对水量与水质的要求，也要注意水资源条件的约束，尤其是水资源的有限性和赋存环境的脆弱性，将水资源环境承载能力作为开发利用水资源的限制因素，作为水资源管理的重要因素，使人类开发利用水资源与经济、社会、环境协调发展的要求相适应。

（3）主动学习节约用水技能的行为。解决水资源短缺的一个关键问题就是节水。我国人均水资源占有量少，经济发展、城市发展和生态用水矛盾突出。改变个人和家庭的用水行为、节约利用水资源，进而建立节水型社会是缓解水资源供需矛盾的重要途径，通过各种途径鼓励普通民众参与到社会事务中，让他们树立主人翁思想，把个人、家庭的用水与缓解水资源短缺问题联系起来，通过千千万万家庭的节约用水，提高水资源的利用效率和改善生态环境。反复的反馈提醒可能推动家庭成员节约用水。为推动家庭、个人节约用水，建议引入反馈机制，即社区通过某种方式告知各家庭每周或每月的用水量，对用水量大的家庭，不断提醒其节约用水。

（4）主动学习水灾害避险的行为。近年来，频繁发生的水灾害给人类带来了巨大的财产损失和人员伤亡，制约社会的良性运行和可持续发展。公民参与在弥补政府有限性和纠正公民自身失范行为等方面有其独特优势。加强水灾害防治中的公民参与，对维持可持续发展、维护我国公民利益和政府形象具有重要的现实意义。强化水灾害防治中公民参与可通过以下路径实现：一是提高公民参与意识和能力，实现参与主动化；二是建立健全公民参与机制，实现参与制度化；三是培育社会救灾组织，实现参与组织化；四是丰富公民参与方式，实现参与多样化。

2. 说服行为

说服行为是为解决水问题所做的人际沟通行为，如请求他人保护水源地、节约用水等。

说服行为的途径主要包括中心途径和外周途径。中心途径是指被说服者通过自己的分析，产生某种动机。这一过程主要通过被说服者自己的认知，来建立对某一事物的赞同或者反对观点。外周途径是指被说服者主要通过外部线索引发喜爱和接受，但这只是暂时性的。

说服的方式主要如下：①理性对情感——参与防范水污染事件的行为。在说服别人的时候，选取的角度很重要，是选取理性的角度，还是感性的角度，或者两者兼用,有时我们可以通过使人失去理性判断而达到说服的目的。当人处于某种恐惧或是无助的状态时,他们的理性判断就会缺失,此时我们更容易说服他人。②情绪唤醒——参与公益环保组织的活动。说服者需要通过唤醒被说服者的情绪,来达到说服的目的。通过制造自己与被说服者的相似性来达到目的,在心理学上叫作共情。说服者可以制造与被说服者类似的经历来起到佐证的作用,这样的说服能引起被说服者的兴趣,唤醒他内心的认同感,那么成功的可能性自然就高了。

3. 消费行为

消费行为是指个人或团体对不利于水资源利用、水生态或环境保护的商业或工业行为所采取的行动,如消费抵制。消费行为具有系统性、可控性和和谐性的特征。其主要表现如下:把人类水行为活动过程中的消费行为放在经济、社会和生态三个子系统构成的世界系统中进行考察,研究每一个系统中的消费行为如何与其他子系统中的消费行为相互协调,有利于实现经济-社会-生态的和谐统一。人类在从事水行为活动过程中通过消费实践可以认识和掌握这些规律,通过决策和调控可以使人类做出理性的选择,从而引导水消费行为实践,实现可持续发展的目的。水消费是以实现可持续发展为目的的,因此,水消费行为是从消费角度协调生态、经济与社会的关系,实现三大系统的和谐发展。

影响水消费行为的因素是多方面的,主要如下:①个性心理。个性心理包括个人的气质、性格、情感、意志能力和兴趣爱好等。个性的心理活动是千差万别的。因为每个人的先天状态和后天环境都会有所不同,故而对客观事物的认知、情感和意志等心理活动过程便有所差别。在此基础上必然形成人各有异的需要、兴趣、能力、气质和性格等个性心理。由于先天遗传因素及后天所处社会环境的不同,人与人之间在心理活动过程的特点和风格上存在明显的差异,并做出不同的行为表现。②自然地理环境。自然地理环境对水消费行为的影响,对人类的水消费来讲,其所处的地理位置、自然环境特征、水资源总量对其节水意识有很大的影响。水资源越丰富,节水意识越淡漠,反之,水资源越稀缺,节水意识越强烈。另外一个环境影响因子就是季节和气候。天气寒冷,用水量减少;天气炎热,用水量增加。降水量大,用水量少;降水量少,用水量大。③社会环境因素。城市化进程的加速使城市人口总数保持增长的趋势,而可利用的水资源越来越少,无疑会加剧用水需求竞争程度,减少可消费量限制了个体对用水的消费。家庭成员不同的生活习惯、受教育水平、收入水平会对家庭总用水量产生不同的影响。④政治、经济环境的因素。在政治环境方面,随着我国对环境保护的重视程度越来越高,相关的环境保护法律法规相继颁布。在实施过程中如果能使这些法律法规得到公正严格的执行，我国的环境质量一定会有所改善，可利用的水资源也会越来越多，从而在一定程度上缓和生活用水的紧缺程度。在节水宣传工作上，如果能够采取多种方式加强节水宣传，使"节约用水"的观念深入人心，则可能会减少城市居民生活用水的需求。在经济环境方面，全国各地纷纷进行水价改革，期望通过上调水价或者改革水价结构来缓解城市用水问题，利用水价杠杆来刺激居民提高节水意识，这一举措也会影响到用水需求。

消费行为方式主要包括生产生活废水再利用的行为、生活用水频率、节水设施的使用等。

4. 法律行为

法律行为是指个人或团体采取的法律行为，加强水相关法律的执行以解决水问题。目前，我国政府已经出台了一系列的涉水法律、法规和规章，对规范人们的水行为发挥了十分重要的作用。水相关法律、法规和规章列举见表1-1。

表1-1 水相关法律、法规和规章列举

序号	名称	实施时间	类别
1	中华人民共和国防洪法	1998 年 1 月 1 日	法律
2	中华人民共和国水法	2002 年 10 月 1 日	法律
3	中华人民共和国水污染防治法	2018 年 8 月 1 日	法律
4	中华人民共和国水土保持法	2011 年 3 月 1 日	法律
5	中华人民共和国环境保护法	2015 年 1 月 1 日	法律
6	取水许可制度实施办法	1993 年 9 月 1 日	行政法规
7	中华人民共和国城市供水条例	1994 年 10 月 1 日	行政法规
8	中华人民共和国水污染防治法实施细则	2000 年 3 月 20 日	行政法规
9	取水许可和水资源费征收管理条例	2006 年 4 月 15 日	行政法规
10	中华人民共和国水文条例	2007 年 6 月 1 日	行政法规
11	城镇排水与污水处理条例	2014 年 1 月 1 日	行政法规
12	南水北调工程供用水管理条例	2014 年 2 月 16 日	行政法规
13	中华人民共和国河道管理条例（修正版）	2017 年 3 月 1 日	行政法规
14	淄博市大武水源地水资源管理办法	2003 年 12 月 1 日	地方性法规
15	昆明市地下水保护条例	2009 年 12 月 1 日	地方性法规
16	河南省信阳南湾水库饮用水水源保护条例	2010 年 1 月 1 日	地方性法规
17	河南省水污染防治条例	2010 年 3 月 1 日	地方性法规
18	济南市城市自来水供水管理办法	2010 年 11 月 25 日	地方性法规
19	洛阳市节约用水条例	2011 年 1 月 1 日	地方性法规

续表

序号	名称	实施时间	类别
20	淄博市水资源保护管理条例	2012 年 1 月 1 日	地方性法规
21	天津市城市排水和再生水利用管理条例	2012 年 5 月 9 日	地方性法规
22	济南市水资源管理条例	2013 年 5 月 1 日	地方性法规
23	吉林省生活饮用水卫生监督管理条例	2016 年 10 月 1 日	地方性法规
24	郑州市城市供水管理条例	2017 年 2 月 1 日	地方性法规
25	城市地下水开发利用保护管理规定	1994 年 11 月 19 日	部门规章
26	生活饮用水卫生监督管理办法	1997 年 1 月 1 日	部门规章
27	水行政处罚实施办法	1997 年 12 月 26 日	部门规章
28	水行政许可实施办法	2005 年 7 月 8 日	部门规章
29	水资源费征收使用管理办法	2009 年 1 月 1 日	部门规章
30	武汉市地下水管理办法	2007 年 2 月 1 日	地方政府规章
31	北京市排水和再生水管理办法	2010 年 1 月 1 日	地方政府规章
32	山东省用水总量控制管理办法	2011 年 1 月 1 日	地方政府规章
33	贵州省水土保持补偿费征收管理办法	2015 年 3 月 13 日	地方政府规章

法律行为方式主要包括以下几点。

（1）个人遵守水相关法律法规。目前，我国已经基本建立起以水法为核心的水法规体系，但法律的实施是目前水法制建设的薄弱环节。水法的实施，守法是最大的问题。民间对水法规认识存在很大的误区，似乎以为水法规是为管理者设置的。其实，国家的水法规都是根据我国长期以来成功的经验和重大的教训，为维护公共安全和利益而制定的。人们应该像遵守交通法规一样，增强水法规意识，养成严格遵守水法规的习惯。

（2）举报或监督水环境事件的行为。当代行政法制越来越重视程序的作用，依程序行政是依法行政的最主要内容之一，它既是衡量行政机关管理活动是否科学合法的重要标尺，也是对相对人合法权益的有力保障。但长期以来，重实体、轻程序一直是我国行政执法比较突出的一点，这一点在水行政执法方面也一直存在，直接影响水行政执法的力度和效果。在水资源行政执法方面，我国的水资源问题已经十分严峻，如果再没有科学的执法体系给予保障，后果是不堪设想的。我们损害的就不只是当代人的利益，必将破坏代与代之间的平衡与和谐，给子孙后代留下无穷的后患。只有严格按照程序执法，才能避免行政决定带有偏见，避免相对人遭受不公正的待遇。更重要的是能使相对人充分参与到水行政决定的过程中，使行政法律关系双方的意志得以沟通和交流，从而大大增加行政行为的可接受性，使水行政机关的管理活动得到有利的配合，发挥最优的效果。

（3）监督执法部门管理行为的有效性。权力不受监督和控制就会被滥用。行政执法是行使国家行政权的重要形式，如果缺少有效监督和制约，就可能偏离法治轨道，导致专横、滋生腐败，行政管理的目标就难以实现。水行政检查监督是水行政机关依法对水行政管理相对人遵守水法规情况所进行的检查监督活动。发现问题，及时进行处理。为防患于未然，必须实施全面的经常的检查监督。权力机关对水行政执法的监督应该包括三方面内容：一是对水行政执法机关不履行职责的监督；二是对水行政执法机关违法进行水行政执法的监督；三是对政府部门的行政干预执法的监督。而监督是否有效，则要依靠新闻舆论、群众监督来强化。新闻舆论监督是行政执法外部监督体系中的一个基础环节，新闻舆论不仅是民意的反映，对民意也具有强烈的导向作用。通过对水行政执法中违法现象的曝光和宣传优秀执法的典型，可以起到警示、教育和防范的作用，促使水法律、法规的正确实施，使依法水行政工作逐步走上制度化、规范化的道路。群众的监督是行政执法监督的基础，只有将广大人民群众充分发动起来，才能更好地发挥主人翁的监督作用，从而在全社会形成一个群众敢于监督、善于监督、能够监督的良好水行政执法监督氛围。

第 2 章　国内外素养理论研究回顾

国内外机构和学者对公民科学素养、环境素养等方面进行了比较深入的研究，在构成维度、评价指标和评价方法等方面也取得了一系列有价值的研究成果。这对水素养理论与评价方法研究具有重要的借鉴意义。

2.1　科学素养研究

2.1.1　科学素养的内涵

1952 年，美国教育家 J. Conant 首次使用科学素养一词。他在《科学中的普通教育》中谈到普通公民应有的科学素养时这样表述："他的经验越广泛，他的科学素养就越高"，但并未对科学素养的定义做进一步的阐述。Hurd（1958）在《科学素养对美国学校的意义》中使用"科学素养"一词来描述人们在社会实践中对科学的理解和应用。

我国学者于 20 世纪 80 年代末引进"scientific literacy"这一术语，翻译为"科学素养"。2006 年 3 月，国务院颁布并实施了《全民科学素质行动计划纲要》，提出"科学素质"概念。我国学术界目前存在"科学素养"与"科学素质"并行使用的现象。有些学者甚至直接将原来用"科学素养"称谓的概念全部改称为"科学素质"，当前政策性文献中多用"科学素质"称谓。也有学者从词源学上考察过"科学素养"与"科学素质"的含义，认为二者可以互换。

在已有的研究中，不同的组织对科学素养的内涵进行了界定，见表 2-1。

表2-1　主要组织对科学素养内涵的界定

组织	主要观点
美国科学教师协会（National Science Teacher Association，NSTA）	能够运用科学概念、过程技巧及价值做出负责任的日常决策；理解社会如何影响科学和技术，同时知道科学和技术如何影响社会；认识到科学和技术在推进人类繁荣过程中的长处与不足；知道主要的科学概念、假设和理论，并且会运用它们；作为科学教育的结果，有更丰富的和更多激动人心的世界观；知道科学和技术信息的可靠资源，并把它们运用于决策过程中
美国科学促进会（American Association for the Advancement of Science，AAAS）	理解一些核心的科学概念和原理；有进行科学思维的能力；知道科学、数学和技术是人类的事业，并知道它们所蕴含的优点和缺点；能够运用科学的知识和思维方法达到个人与社会的目的
美国国家科学院（National Academy of Sciences，NAS）	科学素养意味着有能力描述、解释和预测自然现象；意味着一个人能够识别国家和地方决策赖以为基础的科学事务，表达有科学和技术根据的见解；意味着有基于事实提出讨论和评价观点的能力，以及适当的应用能力
经济合作与发展组织（Organisation for Economic Co-operation and Development，OECD）	科学素养是个人的科学知识和运用科学知识来界定问题，获得新的知识，解释科学的现象，得出与科学有关事务的基于证据的结论；理解科学作为人类知识和探究的形式的特征；科学和技术如何形成我们的物质的、智力的、文化的和环境的意识；愿意参与与科学有关的事务和做一个有科学主见的反思性公民；科学素养不仅是对学校所学课程知识的识记和掌握，更重要的是具有综合的、跨学科的知识运用能力，是为个人未来生活做准备的
中华人民共和国教育部	学生必须逐步领会科学的本质，初步养成关注科学、技术与社会问题的习惯，形成科学的态度和价值取向，树立社会责任感；学习终身必备的科学知识，以顺应时代的要求；体验科学探究的过程，学会一定的科学思维方法，以解决自身学习、生活、工作和社会决策中遇到的问题，为学生的终身发展奠定基础，为社会的可持续发展提供支撑
《全民科学素质行动计划纲要》编著组	科学素质是公民素质的重要组成部分。公民具备基本科学素质一般是指了解必要的科学技术知识，掌握基本的科学方法，树立科学思想，崇尚科学精神，并具有一定的应用它们处理实际问题、参与公共事务的能力。提高公民科学素质，对增强公民获取和运用科技知识的能力、改善生活质量、实现全面发展，对提高国家自主创新能力、建设创新型国家、实现经济社会全面协调可持续发展、构建社会主义和谐社会，都具有十分重要的意义

　　尽管这些研究对科学素养内涵的表述存有差异，但具有三点共同之处：①掌握一定的科学知识，并且正确理解科学与人类的关系；②形成科学的思维方法和意识，具有运用科学的能力；③能够运用科学知识解决个人和社会的问题，做出科学的决策。也有一些学者对科学素养的内涵做出解释，基本都是围绕"理解科学知识"、"具有科学的意识"及"采取科学的行动"中的一点或全部来进行阐述（Durant and Gregory，1993；Hurd，1998；蔡志凌和叶建柱，2004）。然而，定义科学素养是一项复杂和重要的任务，不论是国外还是国内，组织抑或个人，都难以给出一个有明确边界的、普遍适用的定义。例如，国际教育成就评价协会

（International Association for the Evaluation of Educational Achievement，IEA）自 1995 年开始多次针对不同国家及地区的 4~8 年级学生进行 TIMSS（Trends in International Mathematics and Science Study，即国际数学与科学趋势研究）测试，主要调查学生的数学和科学学习的情况及信念，但未对科学素养做出明确定义。同样，我国对公民科学素养测评的主要机构——中国科学技术协会也没有对科学素养做出过明确定义。正如 Laugksch（2000a）所言，"虽然科学素养已经成为世界上公认的教育口号、流行的行话、时髦的术语以及当代的教育目标，但它依然是一个定义不良和令人迷惑的术语"。

2.1.2　科学素养的构成维度

由于科学素养定义的多样性和复杂性，研究者对科学素养的构成维度也有不同的界定。伴随科学素养内涵的发展和扩充，研究者对科学素养结构的看法也一直在变化。经过半个世纪的发展和积淀之后，进入 21 世纪以来，有关科学素养结构的观点得到更为成熟的发展和阐述。纵观已有的研究，科学素养结构模型主要有以下几种。

1. 三维度模型

美国学者 Miller（1983）提出以"三维度模型"来界定科学素质，包括对重要的科学术语和概念的理解、对科学方法和研究过程的理解、对科学技术的社会影响的认知和理解。在公民科学素养测量评估层面，目前美国、欧盟、日本等发达国家和地区一直沿用 Miller 提出的有关科学素质的评价指标和测试题目，国际上也尚未推出新的测评方法。中国科学技术协会自 1992 年起借鉴和采用美国 Miller 体系的测试题目做过九次中国公民科学素养调查。

国际教育成就评价协会针对不同国家及地区的 4~8 年级学生进行的 TIMSS 测试包括以下三个维度：知识内容维度，包括生命科学、化学、物理、地球科学和环境科学；科学认知维度，包括事实性的知识、概念的理解、推理和解释；科学探究维度。

2. 四维度模型

经济合作与发展组织实施的国际学生评估项目（Program for International Student Assessment，PISA）将科学素养界定为一种核心能力，从能力、知识、态度和情境四个方面来构架对科学素养的测评。其中，能力维度包括界定科学问题、科学地解释现象，得出有事实依据的结论；知识维度包括对自然界的知识和科学本身知识的了解以及对科学本质的认识；态度维度包括对科学的兴趣、对科学探究的支持、有责任的行为动机等；情境维度包括认识到涉及科学和技术的生活情境。

我国教育部针对 7~9 年级的课程目标提出，科学素养包括四个维度，即科学探究过程、方法与能力，科学知识与技能，科学态度、情感与价值观，科学、技术与社会的关系。

3．多维度结构模型

Pella 等（1966）对发表在《美国物理杂志》、《今日物理》、《科学》、《科学的美国人》、《原子科学家公告》和《科学教师》等刊物上相关的 100 多篇文章进行研究后，总结出具有科学素养的人应具有对以下特点的理解：科学与技术的相互关系；控制科学家工作的道德规范；科学的本质；科学的基本概念；科学与社会的区别；科学与人文的相互关系。

Hua 等（1999）在实证研究的基础上，提出了科学素养可操作的七个维度：科学的概念化知识；科学的方法论知识；科学的本质；科学在人类社会中的影响；科学与技术的不同；不同领域之间的相互关系；科学的美学方面。

梁英豪（2001）认为，科学素养的内容包括以下十个方面：科学知识；技能；科学方法和思维方法；价值观；解决社会及日常问题的决策；创新精神；科学、技术、社会及其相互联系；科学精神；科学态度；科学伦理和情感。

冯翠典（2013）认为，科学素养是多维结构，将情境作为一种科学素养的背景性和渗透性的因素去考察概念理解、科学过程、科学能力与科学态度四个维度。

由此可以看出，科学素养结构维度与其内涵定义一样，都有丰富的内容。科学素养结构一般认为是由多个维度组成的，并持续不断地发展变化。到目前为止，人们尚未就科学素养结构提出一个完整、统一的模型，但一般都包含了科学的知识与科学的能力两大部分。其中，科学的知识主要是指科学的核心概念和原理；科学的能力主要包括对科学知识的运用。一些模型还包括了科学态度方面，也有模型把科学本质的知识归为科学知识的范围。

2.1.3　科学素养测评

1．测评目的

对科学素养的研究和测量感兴趣的人群主要有三类。第一类，科学的社会学家或科学的教育家；第二类，社会的科学家和公共舆论研究者；第三类，主流的科学教育者。他们对科学素养进行理论研究的同时，也尝试对学生、教师和公众等各类人群进行科学素养的水平测量，以进一步丰富其对科学素养的概念和结构模型的理论研究，也为对各类人群的科学教育实践提供可操作的方法指导。

2. 科学素养影响因素

科学素养的影响因素主要关注个人、家庭、学校和社会等因素与科学素养发展的关系。研究表明，科学素养与个人、家庭、学校和地域等因素有关（李大光，2002；Li，2005；Cresswell and Vayssettes，2006）。McNeil 和 Butts（1981）对美国佐治亚州所有公立学校学生的科学素养进行测评，结果表明，在种族、性别和学校大小及学校所在的地理位置等不同的变量上，学生的科学素养有明显的差别。Sutherland 和 Dennick（2002）的研究表明，语言等不同文化背景的学生对科学本质的理解有所不同。Salmon（2000）对小学生在家里进行科学活动的研究后认为，家不仅是培养情感的地方，也渗透对科学教育的特殊态度。在家里小孩子的参与变得更加休闲和个性化，与父母的交流比在学校更流畅。Turmo（2004）以评价所得数据为基础，探究了北欧国家学生的科学素养与文化、社会和经济的关系，结果表明，家庭的经济资产和学生的科学素养水平无显著相关，但家庭的文化资产与科学素养的水平高度相关。赖小琴（2007）对广西少数民族地区的高中生进行科学素养研究，探讨分数、师生关系、父母参与、学校的归属感和学习兴趣等对学生科学素养的影响，调查结论表明，学习兴趣、师生关系直接影响学生的科学素养。2016 年中国科学技术协会发布的第九次中国公民科学素质调查结果显示，中国公民科学素养水平存在城乡及性别差异，城镇居民科学素养水平显著高于农村居民，而且男性公民的科学素养水平也显著高于女性公民（李群等，2016）。

3. 测评方法及工具

科学素养测评多采用量化的方法，通过标准化的题目进行纸笔测试，一般选择选择题或利克特量表（Likert scale）形式。标准化的测评有适用范围广、精确度高和比较方便等特点。

现有科学素养调查研究既有针对全民科学素养进行的调查，也有特定群体的科学素养调查。美国自 1972 年起每两年进行一次公众测评；中国自 1992 年起，由中国科学技术协会组织对公众（18~69 岁）的科学素养进行抽样调查，至今已完成了 9 次大规模的调查，并取得了大量重要的数据。

公众科学素养的测量工具主要以 Miller 的科学素养三维度模型为基础。在题型上，有是非判断、问答和多选题 3 种题型，共 20 题左右；在测量的内容上，包括科学的知识、科学的本质（科学的方法）、科学—技术—社会 3 个维度。具体的测量条目随着时间的变化而不断更新。

其他国家在对本国公民进行科学素养测量时，均以这些题目为基础，再结合本国或本地区的特点进行增删。这一工具已经成为各国进行公众科学素养测量与比较的主要手段，我国也不例外。2013年，上海市科学学研究所依据《中国公民科学素质基准》，在借鉴以往研究的基础上，建立了公民科学素质测评体系，并在北京市、天津市、上海市、重庆市、湖南省等6个具有代表性的省（直辖市）进行试点调查。调查以我国18~69岁的常住人口（不含现役军人、智力障碍者）为调查对象，在考虑自然条件和社会经济发展水平的地域差异基础上，选取东、中、西部六个典型省（直辖市），根据各地区的实际情况，分别设计了抽样方案，进行了抽样调查及评价（许佳军等，2014）。

整体来看，科学素养发展时间比较长，体系比较完善，相对已经形成了较为成熟的测评框架，积累了大量的研究成果及结论。

2.2　环境素养研究

2.2.1　环境素养的内涵

环境素养一词最早由 Roth（1968）提出。尽管国际上对环境素养的研究接近半个世纪，但由于环境教育和环境问题的综合性，环境素养涉及的领域非常广，而且内容还在不断发展。因此，在学术界，环境素养的内涵尚未达成共识，未形成一个公认的内涵界定。1968年，Roth 提出环境素养是指一个人对环境和环境问题的知识与态度，解决环境问题的技能与动机，维持日常生活品质与环境品质平衡的能力。联合国教科文组织对环境素养的解释如下：正确认识并关注环境及环境问题，具有解决当前环境问题与预测环境问题的知识、技能和态度，推动并投入这项工作中去。《第比利斯宣言》（1977年）将环境素养定义为对环境的意识和敏感性、了解环境相关问题、关注环境问题及参与环保活动的价值观、具有解决环境问题的技能并积极实施。Roth 在综合前人研究的基础上，对环境素养的内涵做出解释，认为环境素养是一种能力，是对相对健康的环境系统的认知和说明能力，是采取恰当行为去维持、修复和改善环境系统健康的能力，也是人们的可观测行为，而这种行为是其所掌握的知识、习得技能、对问题的态度和喜好的体现（田青，2011）。王敏达等（2010）提出，环境素养是人们通过后天的学习而获得和形成的关于人类生存环境的知识、态度、意识、行为与技能的总和。其中，环境知识是环境素养的基础层次；环境态度是在环境知识获得的基础上的感知表现；环境意识体现了人类的环境情感和价值取向；环境行为是维护环境可持续发展的手段，处于环境素养结构的较高层次；环境技能是运用一定的环境知识确定和解决周围地区及全球环境问题的能力，环境技能处于环境素养的最高境界。

2.2.2　环境素养的构成维度

更多的学者、研究机构或组织在对环境素养进行测评时，依据不同的研究内容，以不同的环境素养概念框架形式对环境素养内涵予以解释（Erdogan and Ok, 2011）。环境素养测评是在 20 世纪 60 年代环境保护运动兴起之后，西方社会为了解公众环境素养的状况和特点，以及对环境保护运动和环境教育的支持程度与效果而产生的。经过几十年的研究和实践，环境素养测评在测评量表的开发、测评理论和测评方法等各个层面都得到了长足发展，测评对象的范围也从一般公众扩展到各种人群，如教师（Joseph et al., 2013；Pe'er et al., 2007）、大学生（Shephard et al., 2014）、中小学生（Erdogan and Ok, 2011；Chu et al., 2007）等。我国的环境素养测评始于 20 世纪 90 年代，主要以一般公众作为测评对象。例如，中华环境保护基金会和中国人民大学完成的 "全民环境意识调查"（1997 年），国家环境保护总局和教育部完成的 "全国公众环境意识调查报告"（1998 年），联合国开发计划署、国家环境保护总局和商务部完成的 "中国公众环境意识调查"（2007 年），等等。

环境素养测评框架最早由 Hungerford 和 Reyton（1976）提出，包括生态知识、对问题的了解、观念、价值观、态度、归因判断、环境敏感度和行动策略。从项目组所调研到的环境素养测评文献来看，尽管这些测评的调查对象、目的和问卷内容存在差异，但基本源于以下两类观点。一是由 H. Hungerford、T. Volk、R. Wilke、R. Champeau、T. Marcinkowski、B. Bluhm、R. McKeown-Ice 等环境素养专家组成的环境素养测评委员会（Environmental Literacy Assessment Consortium）基于环境素养的内涵、环境素养测评的相关研究及其他学者的研究结论等（Simmons and Koenig, 1995；Wilke, 1995），提出环境素养测评框架包含的四个维度：①认知（知识和技能）；②情感；③决定负责任的环境行为（responsible environmental behavior）的其他因素；④个人和/或集体参与的负责任的环境行为。二是 Stapp 等学者在联合国教科文组织 1977 年发表的《第比利斯宣言》中提出的环境素养测评框架：①知识；②情感；③技能；④行为（Erdogan et al., 2012）。上述两种观点之间并未存在根本差异，究其根本，环境素养测评框架包含三个基本大类，即环境知识、环境意识和环境行为（图 2-1）。

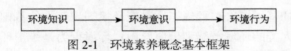

图 2-1　环境素养概念基本框架

环境知识是环境素养最基础的层次，由于人类生存环境系统及环境问题的高度复杂性和综合性，环境知识涵盖的内容非常广。意识是主体（人）对客体的认识活动的结果，表现为人们如何对待、处理、改造主客体以及主客体关系的意向。环境意识是人的非智力因素在环境及环境问题上的体现，包括环境动机、环境兴趣、环境情感、环境意志和环境观念。环境动机是引导和维持人类环境行为的动力；环境兴趣是人们积极认识、关心环境和积极参与环境活动的心理倾向；环境情感是由环境及环境问题所引起的人们心理活动的波动性与感染性；环境意志是人们确定环境行为目标，并根据环境行为目标调节支配自身的行动，克服困难，实现预定目标的心理过程；环境观念是人们对环境及环境问题的总体看法。所谓环境行为，是公民具有环境知识、环境意识之后所采取的参与各种环境问题的解决的行动。环境行为是具有环境素养的人在日常活动中积极地反映和应对环境问题的行动，包括诉求、消费习惯、维权行为和管理行为等。

一般负责任的环境行为是环境素养的核心，也是环境教育的目的。环境知识是环境素养最基础的层次，环境素养的形成从受教育者接受一定的环境知识开始。环境意识是联系环境知识和环境行为的纽带，一个人的环境知识并不一定转化为他的环境行为，也就是说，一个人仅仅拥有环境知识还不能说明他的环境素养较高，只有环境知识内化为自己的价值观、态度和意识并用于指导自己的行为，形成良好的环境行为，其环境素养才算有所提高。

2.2.3　环境素养测评

1. 测评目的

根据已有研究来看，环境素养测评的目的主要包括以下三点：

（1）环境素养被视作环境教育的最终目标，通过环境素养测评，了解环境教育的实施情况及效果，并将测评结果作为环境教育课程内容设置依据。

（2）具有不同人口统计学指征和背景的群体之间存在环境素养差异，通过环境素养测评，了解环境素养的内外部影响因素，并对不同群体环境素养水平产生差异的原因做出解释。

（3）环境素养内涵丰富，各层级组成部分之间存在一定联系，通过环境素养测评，对各层级组成部分之间的关联程度进行测算，了解研究者所构建的环境素养概念框架各组成部分是否合理。

2. 环境素养影响因素

环境素养是个人习惯、道德规范和社会群体共同作用的产物，受到诸多因素的影响。国内外已有的环境测评研究都将被调查者的人口统计学特征（包括年龄、性别、民族、教育水平、行业/职业等）作为调查的一部分，还会根据被调查者的群体差异或测评内容差异，对被调查者的一些背景因素进行调查。例如，针对中小学生的调查常考虑父母受教育水平；针对大学生的调查会考虑专业差异；针对教师的调查会考虑专业差异、教育经历及工作时间；等等。

3. 环境素养测评指标体系

（1）指标体系的建立。研究者在建立环境素养测评指标体系时，通常首先会充分考虑测评目的及所参照的环境素养概念框架；其次，借助实践经验、已有文献及研究成果，在考虑被调查者个人特征及所处地域特征的基础上建立初步测评指标体系；最后，通过试点调查或者向相关学科专家咨询等方法去验证所建立的测评指标体系的有效性和可靠性，从而最终构建出所需的测评指标体系。研究证明，依据测评对象的实际情况而设计的环境知识调查问卷有更高的信度和效度。环境知识内容丰富，尚无通用体系，但为了消除歧义、生僻术语等，由相关专家进行同行评议会更为合理。

（2）指标体系。由于存在被调查群体特征差异及调查目的的差异，从表面看，已有研究中的指标体系差别较大。但实质上，这些指标都是以环境素养概念框架为基本参照，综合来看，环境素养测评基本指标体系如表2-2所示。

表2-2　环境素养测评基本指标体系

一级指标	二级指标
环境知识	环境知识传播渠道
	自然生态知识认知状况
	本地/全球环境知识认知状况
	行动和策略相关知识
环境意识	对环境问题的敏感度
	对环境保护的价值观
	对环境教育重要性的认同感
	对环境问题的归因判断
	对环境保护行为的意愿和动机
环境行为	被动/主动的环境保护经历
	负责任的环境行为

　　环境知识主要是评估人们对自然系统、环境问题和行动策略的理解，涵盖自然科学和社会科学，从科学角度来看，自然的和生物的原因引起了很多全球的环境问题，然而仅用这些知识还不能拿出解决问题的方案，需要社会科学提供文化的和社会的视角去了解环境问题，并发现正当的解决办法。环境知识作为环境素养的组成部分，是环境素养的基础。许多研究结论表明，环境知识与环境态度和环境行为等都存在一定的正相关关系。有关环境知识的测评，在对学生的环境素养测评中应用得比较多，而在成人环境素养测评中应用得比较少。尽管有关环境素养测评的文章在有关期刊上俯拾皆是，然而至今仍然没有一个公认的关于环境知识的标准量表（或者标准测验），这可能与环境知识所包罗的内容太多有关。

　　环境意识是指人们对自然环境及其变化的感受和认识、对全球和当地环境问题的关注、解决环境问题和采取负责任的环境行动的个人主动意愿、对人类与环境关系的伦理性思考。

　　环境行为旨在要求被测评者亲自参与环境保护活动，改变消费习惯，积极解决问题并提出对策，主要由被测评者自我评价。

　　4. 环境素养测评方法

　　目前，环境素养测评的主流方法是依据抽样统计思想，即按照一定的样本率，分群体（多以年龄阶段划分）随机抽样发放调查问卷（包括电话调查、在线调查和入户调查等调查形式）予以调查，基于调查问卷内容对被调查者的环境素养进行测评。调查问卷一般都是以客观题的形式来表现，其目的是便于数据的统计和分析，使用机读卡形式会显著提高数据处理效率。环境知识一般是采用答题分数计值，不同难度题目赋予不同分值，继而测算被调查者的知识掌握情况。环境态度、环境行为则通常会采用利克特量表予以计值，不同量级赋予不同分值（如对强烈反对、不同意、既不同意也不反对、同意、坚决同意相应赋予 1~5 的分值），从而对被调查者的环境态度、环境行为进行测评。

　　数据的后续分析主要采用统计学和计量经济学的方法。例如，运用描述性统计方法对被调查者的人口统计学特征、背景进行分析，运用多元回归分析、皮尔森相关系数对环境素养测评指标进行关联度分析，运用 Cronbach's α 系数对环境素养概念组成部分进行信度分析，等等。

　　国外的环境素养调查一方面比较注重测量工具的开发；另一方面也很注意调查过程的规范性，环境教育调查定量研究的模式、目前研究中存在的问题、研究假设的建立、调查量表的研制、调查数据的获取与分析、调查结论的获得等都得到详细的说明。

　　经过近 60 年的发展，环境素养测评已形成较为系统、科学的理论框架，测评量表、测评方法的相关研究相当成熟，通过构建测评模型进行实证研究，数据丰满，信效度高。通过对不同群体进行测评，环境素养测评思想逐渐由生态环境的保护扩充至整个社会及社会制度的改变，对科技及经济的发展而言，这契合了环境保护主义向生态环境保护发展，进而向人类可持续发展的历史发展脉络。水与人类的可持续发展息息相关，水素养是环境素养的重要构成，开展水素养及水素养测评研究，是对环境素养及环境素养测评研究的完善及发展。依据水素养测评结果，有针对性地加强水资源宣传与教育，以及提高水素养，也是推动环境保护工作、改善环境质量的重要环节。

2.3　水素养研究进展

国内外相关组织和学者也对水素养相关问题进行了研究，国内外学者的类似研究内容主要集中于区域、行业或者某个特定群体的水知识现状调查、水态度分析研究及节水行为研究。

在水知识调查方面，Mills 和 Porter（1982）以高中毕业生为调查对象，对其所掌握的水知识水平予以测评；郭家骥（2009）对西双版纳傣族的水知识进行深入调查与分析，发现傣族传统水文化促进了可持续利用和管理水资源的技术与制度的形成；Su 等（2011）在考虑不同群体的教育水平和灾害发生前后的不同情境基础上，提出与极端降水天气有关的水知识测评框架；向红等（2014）、刘海芳等（2014）分别对贵州兴义山区居民和山西太原两个社区居民进行了相关水知识调查分析，研究认为居民所掌握水知识仍存在不足。王金玉和李盛（2009）等通过调查分析指出，重点对水源地附近居民进行水污染相关知识的宣传培训，能够降低事故发生率以及保护饮用水安全。

与水态度相关的研究相对较少，郝泽嘉等（2010）认为将节水意识通过三个维度进行测量：水资源态度考察对水资源自然属性的理解；敏感度考察对水资源变化的感知程度；责任感考察是否认为自己具有节约用水的责任。武春友和孙岩（2006）也提出了责任感和敏感度是重要的意识变量。Lawrence（2008）在设置问题考察被调查者对水的"态度"时，使用"过度利用会减少可利用资源"、"过度利用会导致生态退化"以及"每个人有责任来保护能源和水等资源"等。田海平（2012）认为水伦理的生态理念是从生态根源上对水的道德亲证，它内含对水本原的精神隐喻的生态诠解，又隐蔽着为水资源合理利用的伦理注入精神元素的意图，故而是对遵循自然的水伦理在伦理生活方式上确立的一种生态定位。

　　在节水行为方面相对较多，对普通的个人用水行为，能够对所用水量正确认识，如减少用水频次、缩短用水时间、改变用水方式、节水方法及节水器具的使用等行为方式，对用水行为进行调整的其他行为包括劝说、传播等（Mills and Porter，1982；Corral-Verdugo et al.，2003；Randolph and Troy，2008）；杨晓荣和梁勇（2007）对城市居民节水行为及其影响因素进行实证分析，明确指出被调查特征是节水行为的影响因素之一；徐小燕和钟一舰（2011）简述了水资源态度与节水行为关系的相关研究，明确了水资源态度显著影响节水行为；王建明等（2016）基于浙江省杭州市居民的调查数据，验证了价值认知、积极情感及消极情感对公民节水行为的显著影响，且积极情感的影响作用最大；青平等（2012）以计划行为理论作为依据，探讨了生态情感、节水态度和社会规范等因素对节水行为的影响，研究发现节水态度、社会规范及生态情感都对居民的节水行为有显著的正向影响；姜海珊和赵卫华（2015）对北京市居民用水行为调查研究中，发现具有较强节水意识的居民其用水量明显少于那些节水意识较弱的居民；原宁等（2015）将节水态度界定为"节水观点"和"结果预期"，通过调查研究，运用 EFA（exploratory factor analysis，即探索性因子分析）、CFA（confirmatory factor analysis，即验证性因子分析）及层级回归的方法，验证了节水态度对节水行为的正向影响作用，并证实了社会准则感知、行为控制感在节水态度和节水行为间起部分中介作用。

　　以上研究工作局限于政府机构或行业协会进行相关的宣传教育，而真正聚焦水素养的相关研究鲜有涉及。

第 3 章　公民水素养表征因素分析

水素养评价是指由表征评价对象各方面特性及其相互联系的多个指标所构成的具有内在结构的整体性评价。因此，水素养评价应研究水素养的表征因素，并在此基础上探究各因素的关联关系及其系统结构。

3.1　水素养表征因素

3.1.1　水知识表征因素

在水知识概念内涵和基本构成研究的基础上，归纳总结水知识的表征因素，主要包括水科学基础知识、水资源开发利用及管理知识和水生态环境保护知识。其中，水科学基础知识包括水的物理与化学知识、水分布知识、水循环知识、水的商品属性相关知识以及水与生命相关等知识。水资源开发利用及管理知识包括水资源开发利用知识和水资源管理知识。水生态环境保护知识包括人类活动对水生态环境的影响、水环境容量知识、水污染知识以及水生态环境行动策略的知识和技能等。

更进一步，这些表征因素又是由一些知识点来表达的，用以观测公民水知识的了解程度。水科学基础知识的观测点主要如下：水的三态、水的颜色气味、水的冰点和沸点、人工降雨现象、水的化学成分及化学式、水的硬度、水质、地球上的水资源分布及特点、淡水资源的稀缺性、我国水资源储量及分布、本地水资源储量及分布、本地饮用水来源、水循环的过程、水循环的影响因素、水权、水价、水与生命起源、身边的水、身体中的水等。水资源开发利用及管理知识的观测点主要如下：常见用水类型，水资源开发利用方式，水资源管理组织体系，水资源管理行政手段、法律手段、经济手段、技术手段等。水生态环境保护知识的观测点主要如下：人类活动给水生态环境带来的正影响、负影响，水环境容量的含义、影响因素，主要水污染物，水污染物的主要来源，保护水生态环境的主要途径、法律法规，以及环保部门的举报电话等。

我国公民水素养中水知识的表征因素和主要观测点见表3-1。

表3-1　水知识的表征因素和主要观测点

	表征因素		主要观测点
水知识	水科学基础知识	水的物理与化学知识	水的三态、水的颜色气味、水的冰点和沸点、人工降雨现象、水的化学成分及化学式、水的硬度、水质
		水分布知识	地球上的水资源分布及特点、淡水资源的稀缺性、我国水资源储量及分布、本地水资源储量及分布、本地饮用水来源
		水循环知识	水循环的过程、水循环的影响因素
		水的商品属性相关知识	水权、水价
		水与生命相关知识	水与生命起源、身边的水、身体中的水
	水资源开发利用及管理知识	水资源开发利用知识	常见用水类型、水资源开发利用方式
		水资源管理知识	水资源管理组织体系、水资源管理行政手段、法律手段、经济手段、技术手段
	水生态环境保护知识	人类活动对水生态环境的影响	人类活动给水生态环境带来的正影响、负影响
		水环境容量知识	水环境容量的含义、影响因素
		水污染知识	主要水污染物、水污染物的主要来源
		水生态环境行动策略的知识和技能	保护水生态环境的主要途径、法律法规，以及环保部门的举报电话

3.1.2　水态度表征因素

水态度表征因素提取的主要维度为水情感、水责任和水伦理。在上文对水情感、水责任和水伦理构成要素论述的基础上，我们进一步对其提取表征因素。这些表征因素又是由一些观测点来表达的，用以测度公民水态度。

水情感由水兴趣与水关注两方面内容构成：水兴趣层面通过调查公民对我国古今著名水利工程或水景观的了解状况、对我国古代著名水利专家（如大禹、李冰父子）的了解状况、对自己所在地区与水相关的诗词文化的了解状况以及是否游览过与水有关的名胜古迹、是否有水博物馆/水文化基地的参观经历等方面来获悉；水关注层面通过调查公民对所在地区水资源是否短缺，有无水污染、洪涝灾害以及对我国现行的水资源管理方式是否有效等方面来了解。

水责任由节水责任与护水责任两方面内容构成：节水责任通过调查公民是否愿意节约用水以及是否愿意因节约用水而降低生活质量等层面来考量公民个人的

节水意愿；护水责任通过调查公民是否愿意为水生态环境保护做出个人努力来考量公民个人的护水意愿。

水伦理由水伦理观与道德原则两方面内容构成：水伦理观通过调查公民持以自我为中心的水伦理观、以人类为中心的水伦理观还是以生态为中心的水伦理观等层面来考量；道德原则通过调查公民对水公正、水共享、水生态补偿等层面的赞同程度来考量。

我国公民水态度的表征因素和主要观测点见表 3-2。

表3-2 水态度的表征因素和主要观测点

	表征因素		主要观测点
水态度	水情感	水兴趣	古今著名的水利工程或水景观、古代著名水利专家、所在地区的主要江河湖海的相关诗词文化、与水有关的名胜古迹游览经历、水利博物馆/水文化基地的参观经历
		水关注	对洪涝灾害、水短缺、水污染的关注；对现有水资源管理方式有效性的个人判断
	水责任	节水责任	个人节水意愿
		护水责任	个人护水意愿
	水伦理	水伦理观	价值取向
		道德原则	水公正、水共享、水生态补偿

3.1.3 水行为表征因素

水行为表征因素提取的主要维度为水生态和水环境管理行为、说服行为、消费行为、法律行为。在上文对水生态和水环境管理行为、说服行为、消费行为、法律行为构成要素论述的基础上，我们进一步对其提取表征因素。

水生态和水环境管理行为由参与节水护水爱水的宣传行为、参与水生态环境保护的行为、主动学习节约用水技能的行为和主动学习水灾害避险的行为四方面构成。参与节水护水爱水的宣传行为可从调查公民是否了解世界水日和中国水周的宣传主题，对与水相关的公益广告的关注程度以及对社区/学校组织的节水护水爱水宣传活动的参与程度等层面来考量；参与水生态环境保护的行为通过调查公民参与植树造林、滨水区捡拾垃圾等水资源保护活动的频率来考量；主动学习节约用水技能的行为通过调查公民接受节水用水教育经历以及所掌握的节水用水技能来考量；主动学习水灾害避险的行为通过调查公民对水灾害类型、危险性的了解以及对水灾害避险技巧和方法的掌握程度来考量。

说服行为由参与防范水污染事件的行为和参与公益环保组织的活动两方面构

成。参与防范水污染事件的行为通过调查公民制止他人水污染行为以及制止其他组织水污染行为等层面来考量；参与公益环保组织的活动通过调查公民对公益环保组织所开展活动的认同感以及有无参与公益环保组织开展活动的经历等层面来考量。

消费行为由生产生活废水再利用的行为、生活用水频率和节水设施的使用三方面构成。生产生活废水再利用的行为通过调查公民生产活动的中水回用以及居民生活废水回收利用的频率来考量；生活用水频率通过调查公民生活用水习惯（洗手、洗澡、洗衣等的频次）来考量；节水设施的使用通过调查公民家庭中节水设施的使用状况以及单位/社区中节水设施的使用状况等层面来考量。

法律行为由个人遵守水相关法律法规、举报或监督水环境事件的行为和监督执法部门管理行为的有效性三方面构成。个人遵守水相关法律法规通过调查公民对水相关法律的了解状况以及遵守状况等层面来考量；举报或监督水环境事件的行为通过调查公民对发现身边企业偷排未处理废水的处理态度来考量；监督执法部门管理行为的有效性通过调查公民对环境监督执法部门监管不到位的处理态度来考量。

我国公民水行为的表征因素和主要观测点见表3-3。

表3-3　水行为的表征因素和主要观测点

	表征因素		主要观测点
水行为	水生态和水环境管理行为	参与节水护水爱水的宣传行为	世界水日、中国水周等主题活动；与水相关的公益广告；社区/学校组织的节水护水爱水宣传活动
		参与水生态环境保护的行为	植树造林、水源地保护
		主动学习节约用水技能的行为	接受节水用水教育的经历、对节水用水的技能方法的掌握
		主动学习水灾害避险的行为	对水灾害的类型和危害性的了解、对水灾害避险的技巧和方法的掌握
	说服行为	参与防范水污染事件的行为	制止他人水污染行为、制止其他组织水污染行为
		参与公益环保组织的活动	对公益环保组织所开展活动认同、参与公益环保组织开展活动的经历
	消费行为	生产生活废水再利用的行为	生产活动的中水回用、生活废水回收利用
		生活用水频率	生活用水习惯（洗手、洗澡、洗衣等的频次）
		节水设施的使用	家庭、单位/社区节水设施的使用
	法律行为	个人遵守水相关法律法规	他人违反水相关法律法规的行为
		举报或监督水环境事件的行为	向环境监督执法部门举报他人或组织的违法行为
		监督执法部门管理行为的有效性	对监督执法部门管理行为有效性的判断

3.2 水素养表征因素关联模型及系统整体结构

解释结构模型是现代系统工程中广泛应用的一种分析方法，是最基本、最常用和最有特色的系统结构模型化技术。它是将复杂的系统分解为若干子系统，并通过人的知识、经验来分析复杂系统中子系统之间的关系，最终构成一个多级递阶的结构模型，特别适用于变量众多、关系复杂而结构不明晰的系统分析。因此，本节利用此方法建立公民水素养表征因素关联模型，分析水素养表征系统结构。

3.2.1 解释结构模型基本原理

解释结构模型基本原理如图 3-1 所示。

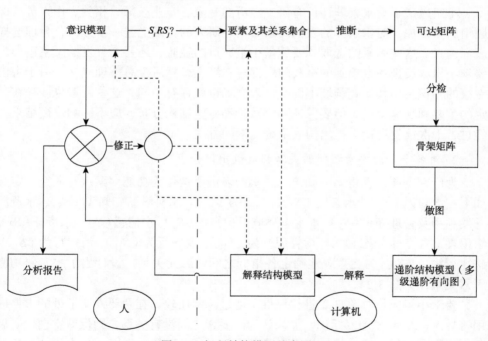

图 3-1 解释结构模型基本原理

实施解释结构模型技术，首先是提出问题，组建解释结构模型实施小组。其次采用集体创造性技术，搜集和初步整理问题的构成要素，并设定某种必须考虑的二元关系，经小组成员讨论及其他相关专家的建议，形成对问题的初步认识的意识模型，并以此实现意识模型的具体化、系统化、规范化和结构模型化，即进一步明确定义各要素及其二元关系。根据要素间的二元关系计算可达矩阵，并将可达矩阵进行分解、缩约和简化处理，得到反映系统递阶结构的骨架矩阵，据此绘制出要素间的多级递阶有向图，形成递阶结构模型。通过解释说明建立起反映系统问题某种二元关系的解释结构模型。最后将解释结构模型与人们已有的意识模型进行比较，若不符合，进行修正，而且可对原有的意识模型有所启发。经过反馈、比较、修正、学习，最终得到一个令人满意、具有启发性和指导意义的结构分析结果。

3.2.2　组建解释结构模型小组

1. 分析出影响水素养结构关系的主要功能要素

小组邀请了对水素养评价有研究经历的专家、专业教师、相关工作人员及课题组成员参加，对水素养的表征因素在上述研究的基础上进一步分析，合理选择表征因素。这些因素的选取既要凭借小组成员的经验，还要充分发扬民主精神，要求小组成员把各自想到的有关问题都写在纸上，然后汇总整理成文。由于每位专家的知识结构和研究领域不同，认识立场也就存有不同，这些要素也许存在一定的重复和功能交叉，但要保证专家数量和专业结构分布，应不影响建模结果。经过若干次反复讨论，提出构成系统因素的方案。

2. 对各个功能要素之间的关联程度做出评分

为研究方便，仅将第一和第二层次的表征要素作为功能因素进行研究。定义如下：水知识（S_1）、水态度（S_2）、水行为（S_3）、水科学基础知识（S_4）、水资源开发利用及管理知识（S_5）、水生态环境保护知识（S_6）、水情感（S_7）、水责任（S_8）、水伦理（S_9）、水生态和水环境管理行为（S_{10}）、说服行为（S_{11}）、消费行为（S_{12}）、法律行为（S_{13}）。为更直观地确定各指标之间的二元关系，设计出了水素养功能因素关系，见图 3-2。

要求小组成员对图 3-2 进行评价。通过两两比较，在两要素交汇处的方格内用符号 V、A 和 X 加以标识，如果认为两要素之间没有关系，则保留空白。V 表示方格图中的行（或上位）指标直接影响到列（或下位）指标；A 表示列指标对行指标有直接影响；X 表示行列两指标相互影响（称为强连接关系）。

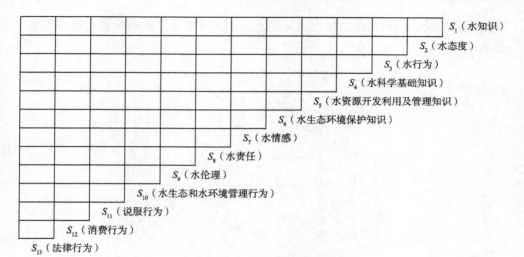

图 3-2 水素养功能因素关系

对 13 位小组成员的评价结果进行统计，并对初步统计结果进行集体讨论，形成评价意见，见图 3-3。

								A	A	A	A	S_1（水知识）
						A	A	A			S_2（水态度）	
A	A	A	A						S_3（水行为）			
							S_4（水科学基础知识）					
V						S_5（水资源开发利用及管理知识）						
	V	V			S_6（水生态环境保护知识）							
			X	S_7（水情感）								
	V		X	S_8（水责任）								
V		S_9（水伦理）										
	S_{10}（水生态和水环境管理行为）											
S_{11}（说服行为）												
S_{12}（消费行为）												

S_{13}（法律行为）

图 3-3 水素养功能因素关系汇总

3.2.3 水素养表征因素解释结构模型

根据小组讨论及专家意见统计结果，确定两两因素之间的关系，得到 13 个功能要素之间关系的有向图，如图 3-4 所示。形成这些功能影响因素直接关系表，见表 3-4。

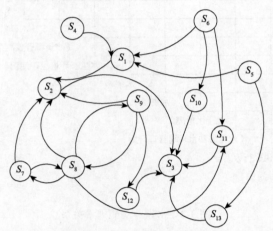

图 3-4　水素养功能要素关系有向图

表3-4　水素养功能因素直接关系表

因素	S_1	S_2	S_3	S_4	S_5	S_6	S_7	S_8	S_9	S_{10}	S_{11}	S_{12}	S_{13}
S_1		1	0	0	0	0	0	0	0	0	0	0	0
S_2	0		1	0	0	0	0	0	0	0	0	0	0
S_3	0	0		0	0	0	0	0	0	0	0	0	0
S_4	1	0	0		0	0	0	0	0	0	0	0	0
S_5	1	0	0	0		0	0	0	0	0	0	0	1
S_6	1	0	0	0	0		0	0	0	1	1	0	0
S_7	0	1	0	0	0	0		1	0	0	0	0	0
S_8	0	1	0	0	0	0	1		1	0	1	0	0
S_9	0	1	0	0	0	0	0	1		0	0	1	0
S_{10}	0	0	1	0	0	0	0	0	0		0	0	0
S_{11}	0	0	1	0	0	0	0	0	0	0		0	0
S_{12}	0	0	1	1	0	0	0	0	0	0	0		0
S_{13}	0	0	1	0	0	0	0	0	0	0	0	0	

表 3-4 中，"1" 表示 S_i 对 S_j 有直接影响，"0" 表示 S_i 对 S_j 无直接影响。

水素养评价系统由这 13 个要素组成，其集合为 S，则有 $S = \{S_1, S_2, S_3, \cdots, S_{13}\}$，

根据图 3-4 和表 3-4 建立邻接矩阵。建立邻接矩阵的方法如下。

（1）系统构成要素中满足某种二元关系 R 的要素 S_i 和 S_j 的要素对 (S_i, S_j) 的集合，称为 S 上的二元关系集合，记作 R_b，即有 $R_b = \{S_i, S_j | S_i R S_j; S_i \in S, S_j \in S, i, j \in 1, 2, \cdots, n\}$，且在一般情况下，$(S_i, S_j)$ 和 (S_j, S_i) 表示不同的要素对。

（2）"要素 S_i 和 S_j 之间是否具有某种二元关系 R"，等价于"要素对 (S_i, S_j) 是否属于 S 上的二元关系集合 R_b"。

（3）因此，可以用系统的构成要素集合 S 和在 S 上确定的某种二元关系集合 R_b 来共同表示系统的某种基本结构。

邻接矩阵 (A) 是表示系统要素间基本二元关系或直接联系情况的方阵。

若 $A(a_{ij})_{n \times n}$，则其定义式为

$$a_{ij} = \begin{cases} 1, & S_i R S_j \text{ 或 } (S_i, S_j) \in R_b \, (S_i \text{ 对 } S_j \text{ 有某种二元关系}) \\ 0, & S_i \overline{R} S_j \text{ 或 } (S_i, S_j) \notin R_b \, (S_i \text{ 对 } S_j \text{ 没有某种二元关系}) \end{cases}$$

所得邻接矩阵如下：

$$A = \begin{array}{c} \\ S_1 \\ S_2 \\ S_3 \\ S_4 \\ S_5 \\ S_6 \\ S_7 \\ S_8 \\ S_9 \\ S_{10} \\ S_{11} \\ S_{12} \\ S_{13} \end{array} \begin{pmatrix} S_1 & S_2 & S_3 & S_4 & S_5 & S_6 & S_7 & S_8 & S_9 & S_{10} & S_{11} & S_{12} & S_{13} \\ 0 & 0 & 0 & 0 & 0 & 0 & 0 & 0 & 0 & 0 & 0 & 0 & 0 \\ 0 & 0 & 0 & 0 & 0 & 0 & 0 & 0 & 0 & 0 & 0 & 0 & 0 \\ 0 & 0 & 0 & 0 & 0 & 0 & 0 & 0 & 0 & 0 & 0 & 0 & 0 \\ 1 & 0 & 0 & 0 & 0 & 0 & 0 & 0 & 0 & 0 & 0 & 0 & 0 \\ 1 & 0 & 0 & 0 & 0 & 0 & 0 & 0 & 0 & 0 & 0 & 0 & 1 \\ 1 & 0 & 0 & 0 & 0 & 0 & 0 & 0 & 0 & 1 & 1 & 0 & 0 \\ 0 & 1 & 0 & 0 & 0 & 0 & 0 & 1 & 0 & 0 & 0 & 0 & 0 \\ 0 & 1 & 0 & 0 & 0 & 0 & 1 & 0 & 1 & 0 & 1 & 0 & 0 \\ 0 & 1 & 0 & 0 & 0 & 0 & 0 & 1 & 0 & 0 & 0 & 1 & 0 \\ 0 & 0 & 1 & 0 & 0 & 0 & 0 & 0 & 0 & 0 & 0 & 0 & 0 \\ 0 & 0 & 1 & 0 & 0 & 0 & 0 & 0 & 0 & 0 & 0 & 0 & 0 \\ 0 & 0 & 1 & 0 & 0 & 0 & 0 & 0 & 0 & 0 & 0 & 0 & 0 \\ 0 & 0 & 1 & 0 & 0 & 0 & 0 & 0 & 0 & 0 & 0 & 0 & 0 \end{pmatrix}$$

可达矩阵的建立以及区域间的区域、级间、强连通块的划分、骨架矩阵等具体过程见附录 1。

根据附录 1 中的模型建立方法，绘制多级递阶有向图，即多级递阶结构模型，见图 3-5。

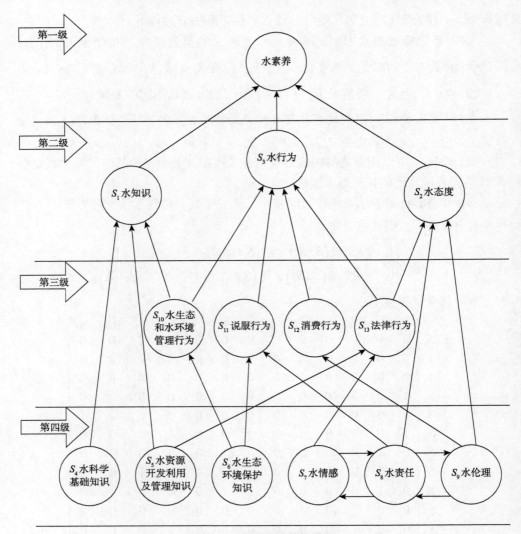

图 3-5 多级递阶结构模型

3.3 水素养表征因素评价与分析

根据解释结构模型多级递阶有向图的结果，明确公民水素养影响因素的层次结构关系，探究影响公民水素养最直接和最基础的表征因素以及各表征因素对公民水素养的影响程度，并且通过解释结构模型对各表征因素进行分析，水素养表征因素之间的复杂关系可以层次化和条理化。

从图 3-5 可以直观看出，水素养位于多级递阶有向图的第一层级，代表公民的水素养水平；水行为（S_3）、水知识（S_1）、水态度（S_2）位于该多级递阶有向图的第二层级，也就是说，水行为（S_3）、水知识（S_1）、水态度（S_2）是水素养的主导表征因素，并且直接影响水素养水平，但水行为（S_3）是对水素养影响程度最大的一个表征因素，水知识（S_1）与水态度（S_2）次之。

对水素养相对重要的表征因素位于该有向图第三层级，分别是水生态和水环境管理行为（S_{10}）、说服行为（S_{11}）、消费行为（S_{12}）及法律行为（S_{13}）。其中，水生态和水环境管理行为（S_{10}）、说服行为（S_{11}）、消费行为（S_{12}）及法律行为（S_{13}）是通过直接影响水行为（S_3）对水素养水平产生间接影响。

位于第四层级的水科学基础知识（S_4）、水资源开发利用及管理知识（S_5）、水生态环境保护知识（S_6）、水情感（S_7）、水责任（S_8）及水伦理（S_9）是水素养的一般表征因素，都属于间接影响水素养的因子。其中，水科学基础知识（S_4）直接影响水知识（S_1），水资源开发利用及管理知识（S_5）则对水知识（S_1）和公民的法律行为（S_{13}）产生直接影响，水生态环境保护知识（S_6）则直接影响水生态和水环境管理行为（S_{10}）及说服行为（S_{11}）。直接影响水态度（S_2）的因子是法律行为（S_{13}）、水责任（S_8）、水伦理（S_9），且这三者之间也存在相互影响，其中，水情感（S_7）与水责任（S_8）相互影响，水伦理（S_9）与水责任（S_8）互为影响因素。此外，水责任（S_8）会直接影响公民的说服行为（S_{11}），水伦理（S_9）会直接影响公民的消费行为（S_{12}）。

综上所述，图 3-5 展示出水素养的全部表征因素及其关系，分层次地体现出各表征因素的重要程度。水科学基础知识（S_4）、水资源开发利用及管理知识（S_5）、水生态环境保护知识（S_6）、水情感（S_7）、水责任（S_8）、水伦理（S_9）是水素养的间接影响因素，但也是不受其他表征因素影响的最基本表征因素；水生态和水环境管理行为（S_{10}）、说服行为（S_{11}）、消费行为（S_{12}）、法律行为（S_{13}）是影响公民水素养的间接因素；水知识（S_1）、水态度（S_2）是影响公民水素养的直接因素，其重要程度相对于同一层级的水行为（S_3）较弱；水行为（S_3）既是影响公民水素养的直接因素也是最重要的表征因素。

第4章 水素养评价指标体系的构建与优化

水素养评价是一个复杂的系统，先建立科学的评价指标体系，再采用科学可行的方法对其权重进行确定，以保证该评价指标体系的全面性和科学性。

4.1 基本思路

首先，利用文献追踪、专家咨询，在表征因素分析的基础上，基于指标的独立性、代表性和科学性等基本准则的要求，明确指标的关联关系和层级关系，构建符合我国水素养现实的初步指标体系。其次，采用定性的专家咨询法对水素养评价指标体系进行修订和完善。例如，通过面谈、网络等方式对一般公众进行调查，让大家对公民水素养评价指标体系进行讨论并提出意见，进而通过访谈、电话等方式进行专家（专家库主要包括水利部门、教育部门等相关专家）咨询，听取其对指标体系的意见和建议，听取专家的宝贵意见后，对修改后的公民水素养评价指标体系进行进一步的修改，从而完善公民水素养评价指标体系。最后，根据专家打分法，对各级指标确立权重。

4.2 水素养评价指标体系初步构建

在上述研究基础上，初步构建的水素养共 3 个一级指标、10 项二级指标、29 个三级指标和若干观测点构成的水素养评价指标体系，如表 4-1 所示。

表4-1　水素养评价指标体系

一级指标	二级指标	三级指标	观测点
水知识	水科学基础知识	水的物理与化学知识	水的三态
			水的颜色气味
			水的冰点和沸点
			人工降雨现象
			水的化学成分及化学式
			水的硬度
			水质
		水分布知识	地球上的水资源分布及特点
			淡水资源的稀缺性
			我国水资源储量及分布
			本地水资源储量及分布
			本地饮用水来源
		水循环知识	水循环的过程
			水循环的影响因素
		水的商品属性相关知识	水权
			水价
		水与生命相关知识	水与生命起源
			身边的水
			身体中的水
	水资源开发利用及管理知识	水资源开发利用知识	常见用水类型
			水资源开发利用方式
		水资源管理知识	水资源管理组织体系
			水资源管理行政手段
			水资源管理法律手段
			水资源管理经济手段
			水资源管理技术手段
	水生态环境保护知识	人类活动对水生态环境的影响	人类活动给水生态环境带来的正影响
			人类活动给水生态环境带来的负影响
		水环境容量知识	水环境容量的含义
			水环境容量的影响因素
		水污染知识	主要水污染物
			水污染物的主要来源
		水生态环境行动策略的知识和技能	保护水生态环境的主要途径
			保护水生态环境的法律法规
			环保部门的举报电话

续表

一级指标	二级指标	三级指标	观测点
水态度	水情感	水兴趣	古今著名的水利工程或水景观
			古代著名水利专家
			所在地区的主要江河湖海的相关诗词文化
			与水有关的名胜古迹游览经历
			水利博物馆/水文化基地的参观经历
		水关注	对洪涝灾害的关注
			对水短缺的关注
			对水污染的关注
			对现有水资源管理方式有效性的个人判断
	水责任	节水责任	个人节水意愿
		护水责任	个人护水意愿
	水伦理	水伦理观	价值取向
		道德原则	水公正
			水共享
			水生态补偿
水行为	水生态和水环境管理行为	参与节水护水爱水的宣传行为	世界水日、中国水周等主题活动
			与水相关的公益广告
			社区/学校组织的节水护水爱水宣传活动
		参与水生态环境保护的行为	植树造林
			水源地保护
		主动学习节约用水技能的行为	接受节水用水教育的经历
			对节水用水的技能方法的掌握
		主动学习水灾害避险的行为	对水灾害的类型和危害性的了解
			对水灾害避险的技巧和方法的掌握
	说服行为	参与防范水污染事件的行为	制止他人水污染行为
			制止其他组织水污染行为
		参与公益环保组织的活动	对公益环保组织所开展活动认同
			参与公益环保组织所开展活动的经历
	消费行为	生产生活废水再利用的行为	生产活动的中水回用
			生活废水回收利用
		生活用水频率	生活用水习惯（洗手、洗澡、洗衣等的频次）
		节水设施的使用	家庭节水设施的使用
			单位/社区节水设施的使用
	法律行为	个人遵守水相关法律法规	他人违反水相关法律法规的行为
		举报或监督水环境事件的行为	向环境监督执法部门举报他人或组织的违法行为
		监督执法部门管理行为的有效性	对监督执法部门管理行为有效性的判断

4.3　水素养评价指标体系的优化

为提高水素养评价指标体系的科学性和合理性,在选取 29 个指标因子作为指标体系的基础上,项目组邀请了一些专家对指标体系的完善提供建议,请专家对优化后的调查问卷进行填写,并且对指标打分。问卷发放对象为从事水利领域的专家学者、相关领域的政府部门工作人员以及部分涉水单位的负责人。通过上述方式共收到有效专家问卷 14 份。

4.3.1　问卷设计

问卷采用利克特四点量表进行设计,内容共有两部分:①共有 29 个指标,重要程度为"非常重要"、"比较重要"、"不太重要"和"不重要"四个等级,分值分别为 4、3、2、1,之后邀请专家对指标进行打分。②开放性问题设置,邀请专家对指标体系中存在的不合理的指标进行修改、完善和补充。具体的问卷设计见附录 2。

4.3.2　统计结果分析

根据问卷的统计结果,对每个指标的算术平均指标值和变异系数进行计算。专家意见的集中程度通过均值来进行反映,均值越大,则代表专家对该指标重要性评价越高。变异系数对专家的意见协调度进行反映,该值越小,则代表协调程度越高。假定用 X_{ij} 表示第 i 个专家对第 j 指标的打分,现共有 n 个专家 m 个指标。

$$M_j = \frac{1}{n}\sum_{i=1}^{n}X_{ij}$$

$$S_j = \sqrt{\frac{1}{n-1}}\sqrt{\sum_{1}^{n}\left(X_{ij}-M_j\right)^2}$$

变异系数的计算公式为 $V_j = S_j/M_j$, V_j 表示 j 指标的变异系数; S_j 表示 j 指标的标准差; M_j 表示 j 指标算术平均数。

按照上述方法对得到的 14 份调查问卷中的数据进行统计分析,对 29 个指标的"意见集中度"和"意见协调度"进行计算,结果如表 4-2 所示。

表4-2　专家问卷意见集中度和协调度分析

一级指标	二级指标	三级指标	意见集中度	意见协调度
水知识	水科学基础知识	水的物理与化学知识	3.500 0	0.235 4
		水分布知识	4.714 3	0.124 9
		水循环知识	3.785 7	0.147 4
		水的商品属性相关知识	4.540 0	0.123 3
		水与生命相关知识	4.642 9	0.131 4
	水资源开发利用及管理知识	水资源开发利用知识	4.250 0	0.169 8
		水资源管理知识	4.214 3	0.204 1
	水生态环境保护知识	人类活动对水生态环境的影响	4.785 7	0.085 7
		水环境容量知识	3.928 6	0.203 3
		水污染知识	4.714 3	0.095 8
		水生态环境行动策略的知识和技能	4.357 1	0.110 0
水态度	水情感	水兴趣	3.928 6	0.179 1
		水关注	4.071 4	0.172 8
	水责任	节水责任	4.714 3	0.124 9
		护水责任	4.500 0	0.139 3
	水伦理	水伦理观	4.214 3	0.159 9
		道德原则	4.071 4	0.145 7
水行为	水生态和水环境管理行为	参与节水护水爱水的宣传行为	4.000 0	0.189 0
		参与水生态环境保护的行为	4.000 0	0.163 7
		主动学习节约用水技能的行为	4.285 7	0.137 4
		主动学习水灾害避险的行为	4.357 1	0.140 1
	说服行为	参与防范水污染事件的行为	4.428 6	0.140 6
		参与公益环保组织的行为	3.857 1	0.165 6
	消费行为	生产生活废水再利用的行为	4.428 6	0.111 7
		生活用水频率	4.285 7	0.185 6
		节水设施的使用	4.071 4	0.112 3
	法律行为	个人遵守水相关的法律法规	4.285 7	0.163 3
		举报或监督水环境事件的行为	4.000 0	0.094 5
		监督执法部门管理行为的有效性	4.214 3	0.183 3

专家的意见和建议主要集中在以下几个方面：

（1）评价指标选取基本合理，但观测点分类过细，可以考虑删除或合并。

（2）指标在设计成调查问卷的过程中应尽量通俗，表述应准确，语义清晰。

由表 4-2 和专家咨询意见的结果可知，结合现有文献和专家意见构建的评价指标科学合理，意见协调度均低于 0.25，专家意见较为一致。

4.4　水素养评价各级指标权重的确定

采用层次分析法确立各级指标在水素养评价中的权重。层次分析法是美国匹兹堡大学教授 A. L. Saaty 于 20 世纪 70 年代提出的一种系统分析方法，它综合了定性分析与定量分析，其分析思路大体上是人对一个复杂的决策问题的思维和决策过程，能有效并实用地处理复杂的决策问题。本部分结合多位专家的意见，通过层次分析法确定各项指标的权重，通过发放指标权重问卷，最终收回 15 份有效问卷（具体问卷设计见附录 2）。

4.4.1　构造判断矩阵

同一层次内 n 个指标相对重要性的判断由若干位专家完成。依据心理学研究得出的"人区分信息等级的极限能力为 7 ± 2"的结论，层次分析法在对指标的相对重要性进行评判时，引入了九分位的比例标度，判断矩阵 A 中各元素 a_{ij} 为 i 行指标相对 j 列指标进行重要性两两比较的值，见表 4-3。显然，在判断矩阵 A 中，$a_{ii} = 1, a_{ij} = 1 / a_{ji} (i, j = 1, 2, \cdots, n)$。因此，判断矩阵 A 是一个正交矩阵，左上至右下对角线位置上的元素为 1，其两侧对称位置上的元素互为倒数。每次判断时，只需要做 $n(n-1)/2$ 次比较即可。通过专家意见汇总，本部分构造成指标层判断矩阵 A。

表4-3　相对重要性的比例标度

甲指标相对于乙指标	极重要	很重要	重要	略重要	同等	略次要	次要	很次要	极次要
甲指标评价值	9	7	5	3	1	1/3	1/5	1/7	1/9
备注	取 8，6，4，2，1/2，1/4，1/6，1/8 为上述评价值的中间值								

注：甲指标为行指标，乙指标为列指标，评价值均为行指标相对列指标的重要性，若无特殊说明，本章均为此解释

4.4.2　权重及一致性检验

在专家评价打分基础上（见附录 3），构造出指标层判断矩阵 A。层次分析法的计算方法有很多种，由于和积法需要进行列规范化，相当于又形成一个矩阵，占用的页面会比方根法稍大，故本小节按方根法进行计算。将判断矩阵 A 的行向量进行几何平均，然后归一化，得到的行向量就是权重向量。设 A 的最大特征根为 $\lambda_{\max}$，

其相应的特征向量为 W，则有 $AW = \lambda_{\max} W$。层次分析法计算的过程如下。

（1） $\lambda_{\max}$ 和 ω 的方根法计算步骤。

首先，判断矩阵每一行元素的乘积 $M_i = \prod_{j=1}^{n} a_{ij}, i = 1, 2, \cdots, n$。

其次，计算 M_i 的 n 次方根 $w_i = \sqrt[n]{M_i}$。

再次，对向量 $w = [w_1, w_2, \cdots, w_n]^{\mathrm{T}}$ 归一化，$\omega_i = w_i \Big/ \sum_{i=1}^{n} w_i$，$\omega$ 为指标权重向量。

最后，计算判断矩阵的最大特征根 $\lambda_{\max} = \dfrac{1}{n} \sum_{i=1}^{n} \dfrac{(AW)_i}{\omega_i}$。

（2）判断矩阵一致性的检验。

层次分析法对人们的主观判断加以形式化的表达和处理，逐步剔除主观性，从而尽可能地转化成客观表述。其正确与成功，取决于客观成分是否达到足够合理的地步。由于客观事物的复杂性以及决策者认识的主观性，对判断矩阵做一致性成为不可或缺的环节，一致性指标为 $\mathrm{CI} = \dfrac{\lambda_{\max} - n}{n - 1}$。

为了度量不同阶数判断矩阵是否具有满意的一致性，需引入判断矩阵的平均随机一致性指标值——RI 值。平均随机一致性指标 RI 值如表 4-4 所示。当阶数大于 2，以及判断矩阵的一致性比率 $\mathrm{CR} = \mathrm{CI} / \mathrm{RI} < 0.10$ 时，即认为判断矩阵具有满意的一致性，否则需要调整判断矩阵，以使之具有满意的一致性。

表4-4　平均随机一致性指标RI值

n	1	2	3	4	5	6	7	8	9	10	11	12	13	14	15
RI	0	0	0.52	0.89	1.12	1.26	1.36	1.41	1.46	1.49	1.52	1.54	1.56	1.58	1.59

4.4.3　各级判断矩阵和计算结果

依据上述分析过程，本小节通过 Excel 来实现一级指标层、二级指标层和三级各项指标的权重，所有各级判断矩阵与计算结果见表 4-5~表 4-18。

表4-5　水素养评价体系水知识—水态度—水行为判断矩阵与结果

水素养评价一级指标判断矩阵				结果显示
指标	水知识	水态度	水行为	CI：0.026 8
水知识	1	0.333 3	0.166 7	CR：0.051 6
水态度	3	1	0.25	最大特征值：3.053 6
水行为	6	4	1	权重向量=（0.091 4，0.217 6，0.691 0）

表4-6　水素养评价体系中水知识二级指标判断矩阵与结果

水素养评价体系中水知识二级指标判断矩阵				结果显示
指标	水科学基础知识	水资源开发利用及管理知识	水生态环境保护知识	CI：0.002 8
水科学基础知识	1	2	0.5	CR：0.005 3
水资源开发利用及管理知识	0.5	1	0.2	最大特征值：3.005 5
水生态环境保护知识	2	5	1	权重向量=（0.276 3，0.128 3，0.596 4）

表4-7　水素养评价体系中水态度二级指标判断矩阵与结果

水素养评价体系中水态度二级指标判断矩阵			结果显示
指标	水情感	水责任	水伦理	CI：0.019 3
水情感	1	0.2	0.333 3	CR：0.037 0
水责任	5	1	3	最大特征值：3.038 5
水伦理	3	0.333 3	1	权重向量=（0.104 7，0.637 0，0.258 3）

表4-8　水素养评价体系中水行为二级指标判断矩阵与结果

水素养评价体系中水行为二级指标判断矩阵					结果显示
指标	水生态和水环境管理行为	说服行为	消费行为	法律行为	CI：0.016 6
水生态和水环境管理行为	1	2	0.2	0.5	CR：0.018 6
说服行为	0.5	1	0.142 9	0.2	最大特征值：4.049 7
消费行为	5	7	1	3	权重向量=（0.120 1，0.062 1，0.575 1，0.242 7）
法律行为	2	5	0.333 3	1	

表4-9　水知识之水科学基础知识三级指标判断矩阵与结果

水知识之水科学基础知识三级指标判断矩阵						结果显示
指标	水的物理与化学知识	水分布知识	水循环知识	水的商品属性相关知识	水与生命知识	CI：0.033 7
水的物理与化学知识	1	0.125	0.5	0.166 7	0.142 9	CR：0.030 1
水分布知识	8	1	7	3	2	最大特征值：5.134 7
水循环知识	2	0.142 9	1	0.2	0.166 7	
水的商品属性相关知识	6	0.333 3	5	1	0.5	权重向量=（0.037 0，0.435 0，0.053 5，
水与生命相关知识	7	0.5	6	2	1	0.187 5，0.287 0）

表4-10　水知识之水资源开发利用及管理知识三级指标判断矩阵与结果

水知识之水资源开发利用及管理知识三级指标判断矩阵			结果显示
指标	水资源开发利用知识	水资源管理知识	CI=0，CR=0
水资源开发利用知识	1	0.25	最大特征值：2
水资源管理知识	4	1	权重向量=（0.2，0.8）

表4-11　水知识之水生态环境保护知识三级指标判断矩阵与结果

水知识之水生态环境保护知识三级指标判断矩阵与结果				结果显示
指标	人类活动对水生态环境的影响	水环境容量知识	水污染知识	水生态环境行动策略的知识和技能	CI=0.012 2
人类活动对水生态环境的影响	1	7	2	4	CR=0.013 7
水环境容量知识	0.142 9	1	0.166 7	0.333 3	最大特征值：4.036 5
水污染知识	0.5	6	1	2	权重向量=（0.508 3，0.055 5，0.290 8，0.145 4）
水生态环境行动策略的知识和技能	0.25	3	0.5	1	

表4-12　水态度之水情感三级指标判断矩阵与结果

水态度之水情感三级指标判断矩阵			结果显示
指标	水兴趣	水关注	CI=0，CR=0
水兴趣	1	0.5	最大特征值：2
水关注	2	1	权重向量=（0.333 3，0.666 7）

表4-13　水态度之水责任三级指标判断矩阵与结果

水态度之水责任三级指标判断矩阵			结果显示
指标	节水责任	护水责任	CI=0，CR=0
节水责任	1	2	最大特征值：2
护水责任	0.5	1	权重向量=（0.666 7，0.333 3）

表4-14　水态度之水伦理三级指标判断矩阵与结果

水态度之水伦理三级指标判断矩阵			结果显示
指标	水伦理观	道德原则	CI=0，CR=0
水伦理观	1	1.5	最大特征值：2
道德原则	0.666 7	1	权重向量=（0.6，0.4）

表4-15 水行为之水生态和水环境管理行为三级指标判断矩阵与结果

指标	参与节水护水爱水的宣传行为	参与水生态环境保护的行为	主动学习节约用水技能的行为	主动学习水灾害避险的行为	结果显示
水行为之水生态和水环境管理行为三级指标判断矩阵与结果					CI=0.011 8
参与节水护水爱水的宣传行为	1	0.5	0.333 3	0.2	CR=0.013 2
参与水生态环境保护的行为	2	1	0.666 7	0.25	最大特征值: 4.035 3
主动学习节约用水技能的行为	3	1.5	1	0.666 7	权重向量=(0.088 2,
主动学习水灾害避险的行为	5	4	1.5	1	0.156 9, 0.271 7, 0.483 2)

表4-16 水行为之说服行为三级指标判断矩阵与结果

指标	参与防范水污染事件的行为	参与公益环保组织的行为	结果显示
水行为之说服行为三级指标判断矩阵			CI=0, CR=0
参与防范水污染事件的行为	1	5	最大特征值: 2
参与公益环保组织的行为	0.2	1	权重向量=(0.833 3, 0.166 7)

表4-17 水行为之消费行为三级指标判断矩阵与结果

指标	生产生活废水再利用的行为	生活用水频率	节水设施的使用	结果显示
水行为之消费行为三级指标判断矩阵				CI: 0.004 6
生产生活废水再利用的行为	1	2	3	CR: 0.008 8
生活用水频率	0.5	1	2	最大特征值: 3.009 2
节水设施的使用	0.333 3	0.5	1	权重向量=(0.539 6, 0.297 0, 0.163 4)

表4-18 水行为之法律行为三级指标判断矩阵与结果

指标	个人遵守水相关法律法规	举报或监督水环境事件的行为	监督执法部门管理行为的有效性	结果显示
水行为之法律行为三级指标判断矩阵				CI: 0.019 3
个人遵守水相关法律法规	1	4	3	CR: 0.037 0
举报或监督水环境事件的行为	0.25	1	0.5	最大特征值: 3.038 5
监督执法部门管理行为的有效性	0.333 3	2	1	权重向量=(0.625 0, 0.136 5, 0.238 5)

综合表 4-5~表 4-18，基于层次分析法的各级指标权重信息汇总见表 4-19。

表4-19　基于层次分析法的各级指标权重信息汇总

一级指标（权重）	二级指标（权重）	三级指标（权重）
水知识（0.091 4）	水科学基础知识（0.276 3）	水的物理与化学知识（0.037 0）
		水分布知识（0.435 0）
		水循环知识（0.053 5）
		水的商品属性相关知识（0.187 5）
		水与生命知识（0.287 0）
	水资源开发利用及管理知识（0.128 3）	水资源开发利用知识（0.2）
		水资源管理知识（0.8）
	水生态环境保护知识（0.596 4）	人类活动对水生态环境的影响（0.508 3）
		水环境容量知识（0.055 5）
		水污染知识（0.290 8）
		水生态环境行动策略的知识和技能（0.145 4）
水态度（0.217 6）	水情感（0.104 7）	水兴趣（0.333 3）
		水关注（0.666 7）
	水责任（0.637 0）	节水责任（0.666 7）
		护水责任（0.333 3）
	水伦理（0.258 3）	水伦理观（0.6）
		道德原则（0.4）
水行为（0.691 0）	水生态和水环境管理行为（0.120 1）	参与节水护水爱水的宣传行为（0.088 2）
		参与水生态环境保护的行为（0.156 9）
		主动学习节约用水技能的行为（0.271 7）
		主动学习水灾害避险的行为（0.483 2）
	说服行为（0.062 1）	参与防范水污染事件的行为（0.833 3）
		参与公益环保组织的行为（0.166 7）
	消费行为（0.575 1）	生产生活废水再利用的行为（0.539 6）
		生活用水频率（0.297 0）
		节水设施的使用（0.163 4）
	法律行为（0.242 7）	个人遵守水相关法律法规（0.625 0）
		举报或监督水环境事件的行为（0.136 5）
		监督执法部门管理行为的有效性（0.238 5）

注：由于舍入修约，权重相加不为 1

第5章　水素养问卷设计与试点调查

调查问卷设计是水素养评价的重要内容。在水素养评价中，应在评价指标体系提供评价指标和主要观测点的基础上，科学设计调查问卷，并选择部分试点进行预调查，以检验评价指标体系、问卷设计以及评价方法的合理性和科学性。

5.1　水素养调查问卷的设计

5.1.1　问卷设计原则

调查问卷设计的好坏在很大程度上与调查内容有关，也与设计原则有关，在水素养调查问卷设计中应注意以下主要原则：

（1）合理性。合理性指的是问卷必须紧密围绕水素养评价的核心主题进行设计，并且调查问题的设置要具有普遍意义。否则，再漂亮、精美或者华丽的问卷都是无益的。也就是说，在问卷设计之初就要紧紧围绕"与调查主题相关的要素"。

（2）逻辑性。问卷的设计要有整体感，这种整体感即问题与问题之间要具有逻辑性，独立的问题本身也不能出现逻辑上的谬误。问题设置紧密相关，不仅能够获得比较完整的信息，而且调查对象也会感到问题集中、提问有章法。相反，假如问题是发散的、带有意识流痕迹的，问卷就会给人以随意性而不是严谨性的感觉。也就是说，问卷内容应考虑到前后印证，相互联系，以便整张问卷构成一个有机联系的整体。

（3）明确性。问卷用语尽量明确，避免模棱两可。这一原则具体要求：命题准确；提问清晰明确、便于回答；被访者能够对问题做出明确的回答；等等。

（4）非诱导性。非诱导性指的是问题要设置在中性位置、不参与提示或主观臆断，完全将被访问者的独立性与客观性摆在问卷操作的限制条件的位置上，即问卷调查尽量避免诱导性用语，以保证问卷结果尽可能反映被调查人的真实想法。

（5）便于统计分析。问卷设计除了紧密结合水素养这一调查主题、方便信息收集外，还要考虑到调查后的整理统计与分析工作。只有便于统计分析才容易得到调查结果并提高调查结果的说服力。

5.1.2　问卷的设计

1. 卷首语

卷首语主要包括以下几点：自我介绍（让调查对象明白调查者的身份或调查主办的单位）；调查的目的（让调查对象了解调查者想调查什么）；回收问卷的时间、方式及其他事项（例如，告诉对方本次调查的匿名性和保密性原则，调查不会对被调查者产生不利的影响，真诚地感谢调查对象的合作，答卷的注意事项，等等）；指导语，旨在告诉被调查者如何填写问卷，包括对某种定义、标题的限定以及示范举例等内容。

2. 被调查者的基本情况调查

为了便于后期深入分析和研究，调查问卷应对被调查者的基本情况予以调查，从而在后期对调查结果进行分析时，可以针对不同群体开展差异性比较研究。基本情况主要包括性别、年龄、教育程度、职业、居住地及家庭年收入等。

3. 问卷主体

水素养调查问卷拟采用封闭式问题（closed-ended question）问卷，提供给调查者几种不同答案，这些答案既可能相互排斥，也可能彼此共存，由调查对象根据自己的实际情况在答案中选择。这是一种快速有效的调查问卷，便于统计分析，但提供选择答案本身限制了问题回答的范围和方式，这类问卷所获信息的价值在很大程度上取决于问卷设计自身科学性、全面性的程度。

水素养调查问卷包含封闭式问题中的选择式（每个问题后列出多个答案，请被调查人从答案中选择自己认为最合适的一个或几个答案并做上记号）和评判式（后面列有许多个答案，请被调查人依据其重要性评判等级，又称为排列式，是数字表示排列的顺序）。

水素养的调查内容包括调查样本的背景资料、对水素养的理解、水知识来源和水态度影响的水行为等方面。问卷从掌握"必要的水知识"、"科学的水态度"和"规范的水行为"三个方面定量测度每个样本是否具备水素养。将每个方面又进一步依据具体指标，提出观测点，设计调查问卷。问卷设计尽可能考虑到调查对象的差异性，尽可能简单通俗。

依据第 4 章的研究，水知识、水态度及水行为在水素养测评中所占权重依次为 0.091 4、0.217 6 和 0.691 0。而问卷中水知识、水态度及水行为的问题数量也应匹配这一比重。考虑到被调查者完成问卷所需的时间和精力，一般问卷主体不应超过 30 个题目。因此，该问卷拟包含 4 个水知识问题、7 个水态度问题及 14 个水行为问题，并从管理工作的需求角度设计 2 个附加问题。

5.2　试点城市水素养调查问卷的发放与回收

5.2.1　试点调查对象确定

为了全面、准确地了解公民水素养状况，本次水素养试点调查主要以北京市、郑州市、河池市和青铜峡市 4 个地区为试点，调查对象包括 6~17 岁的未成年人、18~69 岁的公务员、居民、企事业工作者、农民、学生等不同身份的人群。依据城市规模大小考虑抽取样本的人数在 200~500 人。

5.2.2　调查方式

为保证调查结果的科学性和可比性，此次调查采用配额抽样，按照各地区总人口数量确定样本数额，进而按照城市化率将配额进一步分配到城镇范围和农村范围，最后在各范围内任意抽选样本。

问卷收集过程中采取实地调研与网上发放相结合的形式，主要包括面对面的个别访谈、标准化的问卷调查、网络平台和微信公众号等在线问卷调查等。就区域来看，我们针对城镇样本采用标准化的问卷调查，以及网络平台、微信公众号等方式进行调查；针对农村样本，我们深入农户进行面对面的访谈。

5.2.3　调查问卷发放情况

在选择的 4 个试点城市中共发放问卷 1 185 份，并全部回收。其中，北京市 390 份，郑州市 350 份，河池市 305 份，青铜峡市 140 份。

5.2.4　试点城市被调查者的基本情况

1. 北京市受调查者基本特征

在北京市的问卷调查中，共发放 390 份问卷，全部收回，剔除在研究中视为无效的 67 份问卷，有效问卷共计 323 份，有效率约为 82.82%。北京市受调查者的基本特征如表 5-1 所示。

表5-1　北京市受调查者的基本特征

项目	选项	样本数/个	所占比例
性别	男	153	47.37%
	女	170	52.63%
年龄	6~17 岁	19	5.88%
	18~35 岁	190	58.82%
	36~45 岁	45	13.93%
	46~59 岁	47	14.55%
	60 岁以上	22	6.81%
受教育程度	小学及以下	18	5.57%
	初中	38	11.76%
	高中（含中专、技工、职高、技校）	51	15.79%
	本科（含大专）	147	45.51%
	硕士及以上	69	21.36%
身份	国家公务人员（含军人、警察）	18	5.57%
	公用事业单位人员	43	13.31%
	企业人员	105	32.51%
	务农人员	21	6.50%
	学生	73	22.60%
	自由职业者	43	13.31%
	其他	20	6.19%
居住地区	城镇	246	76.16%
	农村	77	23.84%
家庭年收入	3 万元以下	74	22.91%
	3 万~8 万元	92	28.48%
	8 万~12 万元	65	20.12%
	12 万~20 万元	50	15.48%
	20 万元以上	42	13.00%

由表 5-1 不难看出，北京市受调查者具有如下特征：男女比例均衡；年龄集

中在 18~35 岁，占比约为 58.82%；受教育程度以本科（含大专）为主，占比约为 45.51%，小学及以下文化程度约占 5.57%，初中文化程度约占 11.76%，高中（含中专、技工、职高、技校）约占 15.79%，硕士及以上约占 21.36%；家庭年收入集中在 12 万元以下，约占 71.51%。调查结果与《2015 北京统计年鉴》中的相关信息接近，可认为本次调查的样本具有良好的代表性。

2. 郑州市受调查者基本特征

在郑州市的问卷调查中，共发放 350 份问卷，全部收回，剔除在研究中视为无效问卷的 47 份问卷，有效问卷共计 303 份，有效率约为 86.57%。郑州市受调查者的基本特征如表 5-2 所示。

表5-2　郑州市受调查者的基本特征

项目	选项	样本数/个	所占比例
性别	男	161	53.14%
	女	142	46.86%
年龄	6~17 岁	18	5.94%
	18~35 岁	184	60.73%
	36~45 岁	71	23.43%
	46~59 岁	24	7.92%
	60 岁以上	6	1.98%
受教育程度	小学及以下	21	6.93%
	初中	66	21.78%
	高中（含中专、技工、职高、技校）	47	15.51%
	本科（含大专）	120	39.60%
	硕士及以上	49	16.17%
身份	国家公务人员（含军人、警察）	30	9.90%
	公用事业单位人员	81	26.73%
	企业人员	55	18.15%
	务农人员	46	15.18%
	学生	27	8.91%
	自由职业者	42	13.86%
	其他	22	7.26%
居住地区	城镇	191	63.04%
	农村	112	36.96%
家庭年收入	3 万元以下	109	35.97%
	3 万~8 万元	110	36.30%
	8 万~12 万元	55	18.15%
	12 万~20 万元	21	6.93%
	20 万元以上	8	2.64%

由表 5-2 不难看出，郑州市受调查者具有如下特征：男性比例略高于女性；年龄集中在 18~35 岁，占比约为 60.73%；以本科（含大专）文化程度为主，占比约为 39.60%，小学及以下文化程度约占 6.93%，初中文化程度约占 21.78%，高中（含中专、技工、职高、技校）约占 15.51%，硕士及以上约占 16.17%；家庭年收入集中在 8 万元以下，约占 72.27%。调查结果与《2015 郑州统计年鉴》中的相关信息接近，可认为本次调查的样本具有良好的代表性。

3. 河池市受调查者基本特征

在河池市的问卷调查中，共发放 305 份问卷，全部收回，剔除在研究中视为无效的 12 份问卷，有效问卷共计 293 份，有效率约为 96.07%。河池市受调查者的基本特征如表 5-3 所示。

表5-3　河池市受调查者的基本特征

项目	选项	样本数/个	所占比例
性别	男	136	46.42%
	女	157	53.58%
年龄	6~17 岁	78	26.62%
	18~35 岁	82	27.99%
	36~45 岁	80	27.30%
	46~59 岁	48	16.38%
	60 岁以上	5	1.71%
受教育程度	小学及以下	86	29.35%
	初中	40	13.65%
	高中（含中专、技工、职高、技校）	37	12.63%
	本科（含大专）	127	43.34%
	硕士及以上	3	1.02%
身份	国家公务人员（含军人、警察）	31	10.58%
	公用事业单位人员	72	24.57%
	企业人员	42	14.33%
	务农人员	40	13.65%
	学生	80	27.30%
	自由职业者	15	5.12%
	其他	13	4.44%
居住地区	城镇	220	75.09%
	农村	73	24.91%
家庭年收入	3 万元以下	114	38.91%
	3 万~8 万	142	48.46%
	8 万~12 万	28	9.56%
	12 万~20 万	7	2.39%
	20 万元以上	2	0.68%

由表 5-3 不难看出，河池市受调查者具有如下特征：女性比例略高于男性；年龄在 45 岁以下的居多，占比约为 81.91%；以本科（含大专）文化程度为主，占比约为 43.34%，小学及以下文化程度约占 29.35%，初中文化程度约占 13.65%，高中（含中专、技工、职高、技校）约占 12.63%，硕士及以上约占 1.02%；家庭年收入集中在 8 万元以下，约占 87.37%。调查结果与《2015 广西统计年鉴》中的相关信息接近，可认为本次调查的样本具有良好的代表性。

4. 青铜峡市受调查者基本特征

在青铜峡市的问卷调查中，共发放 140 份问卷，全部收回，剔除在研究中视为无效的 1 份问卷，有效问卷共计 139 份，有效率约为 99.29%。青铜峡市受调查者的基本特征如表 5-4 所示。

表5-4 青铜峡市受调查者的基本特征

项目	选项	样本数/个	所占比例%
性别	男	70	50.36%
	女	69	49.64%
年龄	6~17 岁	0	0
	18~35 岁	52	37.41%
	36~45 岁	45	32.37%
	46~59 岁	42	30.22%
	60 岁以上	0	0
受教育程度	小学及以下	4	2.88%
	初中	17	12.23%
	高中（含中专、技工、职高、技校）	33	23.74%
	本科（含大专）	83	59.71%
	硕士及以上	2	1.44%
身份	国家公务人员（含军人、警察）	25	17.99%
	公用事业单位人员	43	30.94%
	企业人员	22	15.83%
	务农人员	26	18.71%
	学生	1	0.72%
	自由职业者	4	2.88%
	其他	18	12.95%
居住地区	城镇	102	73.38%
	农村	37	26.62%

项目	选项	样本数/个	所占比例
家庭年收入	3 万元以下	39	28.06%
	3 万~8 万元	67	48.20%
	8 万~12 万元	21	15.11%
	12 万~20 万元	10	7.19%
	20 万元以上	2	1.44%

　　由表 5-4 不难看出，青铜峡市受调查者具有如下特征：男女比例均衡；年龄在 18~45 岁的居多，占比约为 69.78%；以本科（含大专）文化程度为主，占比约为 59.71%，小学及以下文化程度约占 2.88%，初中文化程度约占 12.23%，高中（含中专、技工、职高、技校）约占 23.74%，硕士及以上约占 1.44%；家庭年收入集中在 8 万元以下，约占 76.26%。调查结果与《2015 宁夏统计年鉴》中的相关信息接近，可认为本次调查的样本具有良好的代表性。

5.3　水素养调查问卷的信度与效度分析

　　迄今为止，公民水素养评价这一课题的研究，在国内外是相对比较新颖的，针对全民水素养的调查较为少见。根据上文建立的全民水素养评价指标体系，经过项目组多次讨论，以及多次咨询相关专家后，我们设计出了一套关于公民水素养评价的调查问卷。为保证问卷调查结果的准确性和科学性，有必要考察所设计问卷是否符合要求，以及调查结果是否可信与有效。因此，需要对调查问卷本身进行信度与效度的评价分析，以保证调查问卷的准确性、统计分析结论的科学性甚至是研究成果的质量。

　　信度主要是指问卷是否精准，信度分析涉及问卷测验结果的一致性和稳定性，其目的是控制和减少随机误差。在度量问卷信度的过程中，人们提出了很多种方法来进行信度度量，如再测信度（test-retest reliability）、副本信度（parallel-forms reliability）、折半信度（split-half reliability）、内部一致性信度（internal consistency reliability）和评分者信度（scorer reliability）。通过阅读大量有关问卷调查的文献，在对其问卷信度测评时所采用的方法中内部一致性信度使用频率较高，并且内部一致性重在考察一组调查项目是否调查的是同一个特征，这些问项之间是否具有较高的内部一致性。内部一致性高则表明同类调查问项的调查结果一致程度高，意味着同一群受调查者接受同类项目各种问项的访问其结果之间具有很强的正相关，这种方法与公民水素养调查问卷信度测量具有很高的契合度，因此，针对本问卷，采用内部一致性信度中的 Cronbach's α 系数描述问卷的内部一致性，来评价问卷的内容信度。

效度通常是指问卷的有效性和正确性，亦即问卷能够测量出所欲测量特性的程度。公民水素养调查问卷的目的就是要获得高效度的测量与结论，效度越高表示该问卷测验的结果越能代表要测验的行为的真实度，越能够达到问卷测验的目的。在调查问卷的效度测评时，因为效度具有多个层面的概念，可以从不同角度来看，从而提出了衡量效度的几种方法，如表面效度（face validity）、内容效度（content validity）、效标效度（criterion validity，又称准则效度）及结构效度（construct validity）。在选择公民水素养调查问卷效度测评方法时，考虑到问卷问题对公民水素养指标的反映程度，因此，在阅读相关文献之后，了解到结构效度的方法，其定义为问卷所能衡量到理论上期望的特征的程度，即问卷所要测量的概念能显示出科学的意义并符合理论上的设想。它是通过与理论假设相比较来检验的，根据理论推测的"结构"与具体行为和现象间的关系，判断测量该"结构"的问卷能否反映此种联系。相对于其他几种测评方法，结构效度方法更适合公民水素养调查问卷的效度测评。对水素养调查问卷的信度与效度测评，主要使用 SPSS 19.0 软件对相关数据进行统计分析处理。

5.3.1　调查问卷的信度分析

内部一致性信度即调查问卷对每个指标的测量都针对性地采用一系列条目，因而根据这些条目之间的相关性可以评价问卷的信度。假如将一个条目视为一个初始问卷，那么 k 条目问卷就相当于将 $k-1$ 个平行问卷与初始问卷相连接，组成了长度为初始问卷 k 倍的新问卷，k 条目问卷的信度系数为 $\alpha = \dfrac{k}{k-1}\left[1 - \dfrac{\sum\limits_{i=1}^{k} S_i^2}{S_T^2}\right]$

（k 为量表中问题条目数；S_i^2 为第 i 题得分的方差；S_T^2 为总得分的方差），称为 Cronbach's α 系数，其代表了问卷条目的内部一致性。通常 Cronbach's α 系数的值在 0~1。如果 Cronbach's α 系数不超过 0.6，一般认为调查问卷信度不足；达到 0.7~0.8 时表示问卷具有相当的信度；达 0.8~0.9 时说明问卷信度非常好。一般要求问卷的 α 系数大于 0.8。

本次问卷评价结果表明，总样本的 Cronbach's α 系数为 0.750，大于 0.7（表 5-5），说明公民水素养调查问卷的总体具有相当的信度。

表5-5　可靠性统计量

Cronbach's α	项数
0.750	25

5.3.2　调查问卷的效度分析

评价结构效度常用的统计方法是因子分析，其目的是了解属于相同指标下的不同问卷问题是否如理论预测那样集中在同一公共因子上。所得公共因子的意义类似于组成"结构"的领域，而因子负荷反映了条目对领域的贡献，因子负荷值越大说明与领域的关系越密切。在进行分析之前，必须先进行因子分析适合性的评估，以确定所获得的资料是否适合进行因子分析。一般采用 KMO（Kaiser-Meyer-Olkin）检验和 Bartlett 球形检验来进行适合性分析。KMO 值越大，所有变量之间的简单相关系数平方和越大于偏相关系数平方和，因此越适合于做因子分析。Kaiser 等（1974）指出，当 KMO 值大于 0.9 时表示非常适合；0.8 表示适合；0.7 表示一般；0.6 表示不太适合；0.5 以下表示极不适合。Bartlett球形检验是以变量的相关系数矩阵为出发点的，它的零假设相关系数矩阵是一个单位阵，即相关系数矩阵对角线上的所有元素都是 1，所有非对角线上的元素都为零。Bartlett 球形检验的统计量 p 值是根据相关系数矩阵的行列式得到的。如果 p 的值较大，拒绝零假设，则认为相关系数不可能是单位阵，即原始变量之间存在相关性，不适合做因子分析，相反则适合做因子分析。

SPSS 分析结果表明，KMO 值为 0.818，Sig.小于 0.05（即 p 值小于 0.05）（表 5-6），因此，本问卷问题适合做因子分析。用以下三个标准来判断问卷的结构效度：①公共因子应与问卷设计时的结构假设的组成领域相符，且公共因子的累积方差贡献率至少在 40%以上。②每个条目都应在其中一个公共因子上有较高负荷值（大于 0.4），而对其他公共因子的负荷值则较低。如果一个条目在所有的因子上负荷值均较低，说明其反映的意义不明确，应予以改变或删除。③公共因子方差均应大于 0.4，该指标表示每个条目的 40%以上的方差都可以用公共因子解释。通过分析得出数据，公共因子的累积方差贡献率为 53.311%，且每个条目在一个公共因子上的负荷值大于 0.4，其他的公共因子负荷值在 0.4 以下，公共因子的方差均大于 0.442，这说明问卷具有较高的结构效度。所以，从最终的分析结果得出公民水素养调查问卷整体具有较高的效度。

表5-6　KMO和Bartlett球形检验

取样足够度的 KMO 度量		0.818
Bartlett 球形检验	近似卡方	5 131.345
	df	300
	Sig.	0.000

5.4　试点城市公民水素养问卷调查描述性统计

课题组对北京市、郑州市、河池市和青铜峡市四个试点城市的公民水素养进行了描述性统计。

5.4.1　北京市公民水素养问卷调查描述性统计

1. 北京市公民水知识问卷调查描述性统计

1）水科学基础知识

由图 5-1 可知，在北京市公民中，仅有 2.79%的受调查者认为"我国水资源总量丰富，根本不缺水"，有 6.81%的受调查者不清楚我国水资源分布现状，有63.47%的受调查者认为"大部分地区降水量年内分配不均匀，年际变化较大"，有76.16%的受调查者认为"水资源空间分布不均匀，总体状况南多北少，水量与耕地分布不相适应"，有 55.73%的受调查者认为"水资源总量丰富，但人均水资源占有量少"。

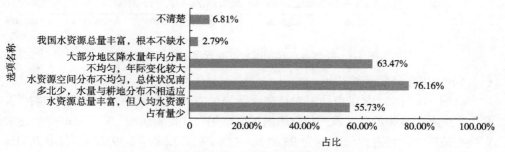

图 5-1　受调查者对我国水资源分布现状认知状况

由图 5-2 可知，北京市公民大多认同水的商品属性，应当付费。其中，69.97%

的受调查者认为"为合理用水，水价并不是越低越好"；58.82%的受调查者认为"水是一种商品，使用水应当付费"；有 10.84%的受调查者认为"水价越低越好"；仅有 13.62%的受调查者认为"水是自然资源，应该免费"；还有 1.86%的受调查者对水价认知不清楚。

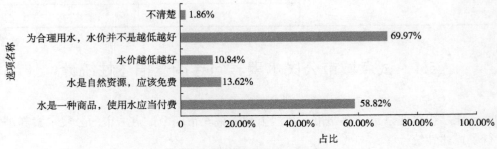

图 5-2　受调查者对水价的看法

2）水资源开发利用及管理知识

由图 5-3 可知，北京市公民对我国水资源管理手段（技术手段、行政手段、法律手段和经济手段等）基本了解，受调查者中对水资源管理手段的宣传教育手段了解相对较少，占比约为 57.59%，其他手段了解度均超过 70%，仅有 3.41%的受调查者表示不清楚。

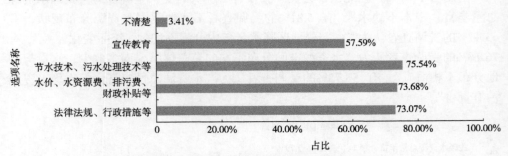

图 5-3　受调查者对我国水资源管理手段了解状况

3）水生态环境保护知识

由图 5-4 可知，北京市公民对造成水污染的方式基本了解，受调查者中对"工业生产废水直接排放"、"农药和化肥的过度使用"、"轮船漏油"和"家庭生活污水直接排放"的认可占比分别约为 93.81%、82.66%、73.68%与 69.97%，仅有 0.31%的受调查者表示不清楚。

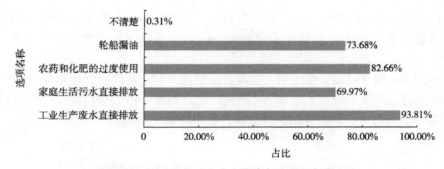

图 5-4　受调查者对造成水污染行为的了解状况

2. 北京市公民水态度问卷调查描述性统计

1）水情感

由图 5-5（a）可知，94.53%的受调查者非常喜欢或比较喜欢与水有关的名胜古迹或风景区（如都江堰、三峡大坝和千岛湖等），仅有 0.98%的受调查者明确表示不喜欢。

由图 5-5（b）可知，63.67%的受调查者非常了解或比较了解我国当前存在并急需解决的水问题（如水资源短缺、水生态损害和水环境污染等），有 32.23%的受调查者不太了解，仅有 4.10%的受调查者表示不了解。

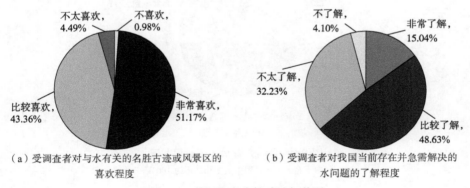

（a）受调查者对与水有关的名胜古迹或风景区的　　　　（b）受调查者对我国当前存在并急需解决的
　　　　　　喜欢程度　　　　　　　　　　　　　　　　　　水问题的了解程度

图 5-5　受调查者水情感认知状况

2）水责任

由图 5-6（a）可知，在问到"您是否愿意采取一些行为（如捡拾水边垃圾等）来保护水生态环境？"时，表示非常愿意和比较愿意的受调查者分别为 45.51%与 44.14%，有 8.20%的受调查者表示不太愿意，仅有 2.15%的受调查者明确表示不愿意。

由图 5-6（b）可知，在问到"您是否愿意节约用水？"时，表示非常愿意和比较愿意的受调查者分别为 85.14%、14.24%，有 0.62%的受调查者表示不太愿意。

由图 5-6（c）可知，在问到"您是否愿意为节约用水而降低生活质量？"时，表示非常愿意和比较愿意的受调查者分别为 27.24%、46.75%，有 21.98%的受调查者表示不太愿意，仅有 4.02%的受调查者明确表示不愿意。

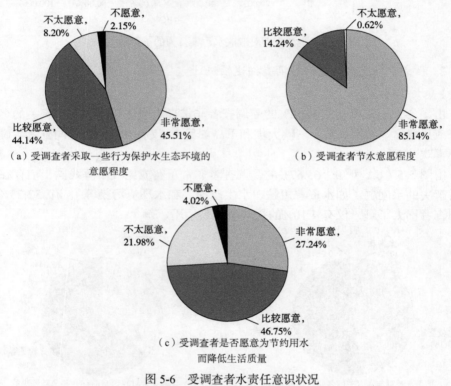

（a）受调查者采取一些行为保护水生态环境的意愿程度

（b）受调查者节水意愿程度

（c）受调查者是否愿意为节约用水而降低生活质量

图 5-6　受调查者水责任意识状况

由于舍入修约，图中数据相加不为 100%

3）水伦理

由图 5-7（a）可知，在问到对"我们当代人不需要考虑缺水和水污染问题，后代人会有办法去解决"这一问题的看法时，49.22%的受调查者表示非常反对，42.77%的受调查者表示"反对"，仅有 8.01%的受调查者表示赞同或非常赞同。

由图 5-7（b）可知，在问到对"谁用水谁付费，谁污染谁补偿"的看法时，有 25.98%受调查者表示非常赞同，有 45.70%的受调查者表示赞同，有 17.58%的受调查者表示反对，仅有 10.74% 的受调查者明确表示非常反对。

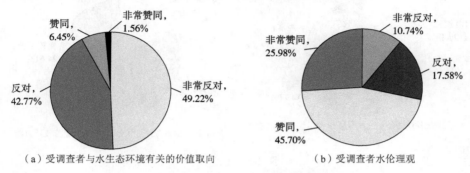

（a）受调查者与水生态环境有关的价值取向　　　（b）受调查者水伦理观

图 5-7　受调查者水伦理认知状况

3. 北京市公民水行为问卷调查描述性统计

1）水生态和水环境管理行为

由图 5-8（a）可知，有 82.23% 的受调查者非常关注或比较关注水资源保护、节约用水广告等公益宣传活动，仅有 1.17% 的受调查者不关注。

由图 5-8（b）可知，有 81.84% 的受调查者接受过节水护水爱水宣传教育，有 18.16% 的受调查者表示没有接受过此类教育。

由图 5-8（c）可知，有 61.53% 的受调查者参加过社区或学校组织的节水爱水护水活动，有 38.48% 的受调查者表示没有参加过此类活动。

由图 5-8（d）可知，有 32.62% 的受调查者非常了解或比较了解水灾害避险的技巧方法，有 50.59% 的受调查者表示不太了解，有 16.80% 的受调查者表示不了解。

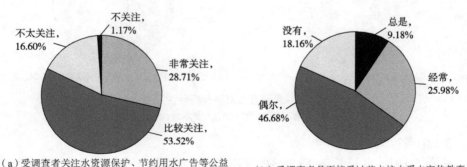

（a）受调查者关注水资源保护、节约用水广告等公益　　　（b）受调查者是否接受过节水护水爱水宣传教育
　　　宣传活动程度

图 5-8　受调查者参与水生态和水环境管理行为状况

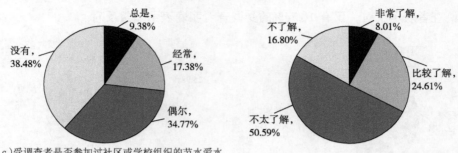

（c）受调查者是否参加过社区或学校组织的节水爱水护水活动　（d）受调查者是否了解水灾害避险的技巧方法

图 5-8　（续）

由于舍入修约，图中数据相加不为 100%

2）说服行为

由图 5-9（a）可知，在问到"您是否监督过企业（或个人）的排污行为？"时，有 54.49% 的受调查者表示没有，有 45.51% 的受调查者有过不同程度的监督行为。

由图 5-9（b）可知，在问到"当您生活中遭遇严重的水污染事件时，您会怎么做？"时，有 18.95% 的受调查者会制止，有 25.98% 的受调查者会劝说，有 45.90% 的受调查者会举报，仅有 9.18% 的受调查者会置之不理。

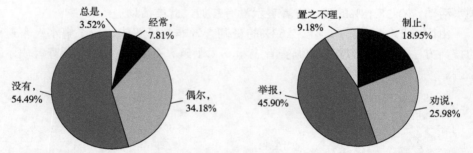

（a）受调查者是否监督过企业（或个人）的排污行为　（b）受调查者在生活中遭遇严重的水污染事件时所持态度

图 5-9　受调查者对待排污行为态度

由于舍入修约，图中数据相加不为 100%

3）消费行为

由图 5-10（a）可知，有 88.28% 的受调查者有利用淘米水洗菜或者浇花的经历。

由图 5-10（b）可知，有 69.14% 的受调查者收集过洗衣机的脱水或手洗衣服时的漂洗水进行再利用。

由图 5-10（c）可知，有 98.25% 的受调查者表示在洗漱时会随时关闭水龙头，仅有 1.76%的受调查者表示从来没有。

由图 5-10（d）可知，有 57.81%的受调查者家里使用了节水设备，有 20.12%的受调查者表示不清楚有无使用，仅有 22.07%的受调查者明确表示并未使用。

由图 5-10（e）可知，在问到"当发现前期用水量较大后，您是否愿意采取一些行为减少用水量？"时，有 44.92%的受调查者表示非常愿意，有 50.00%的受调查者表示比较愿意，有 2.93%的受调查者表示不太愿意，仅有 2.15%的受调查者表示不愿意。

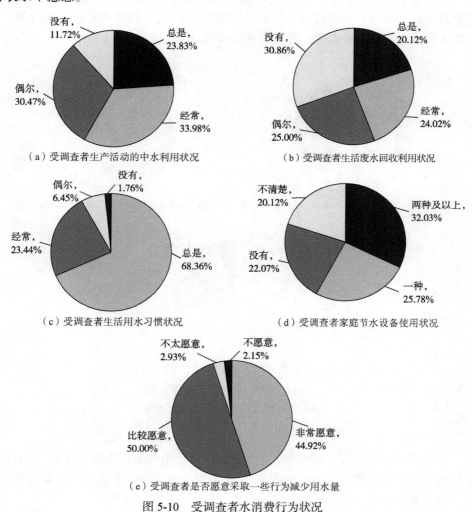

（a）受调查者生产活动的中水利用状况　　　　（b）受调查者生活废水回收利用状况

（c）受调查者生活用水习惯状况　　　　（d）受调查者家庭节水设备使用状况

（e）受调查者是否愿意采取一些行为减少用水量

图 5-10　受调查者水消费行为状况

由于舍入修约，图中数据相加不为 100%

4）法律行为

由图 5-11（a）可知，在问到"当发现身边的不文明水行为（如在水源地游泳）时，您会怎么做？"时，仅有 6.50%的受调查者表示会置之不理，其余 93.50%的受调查者会视情况而采取制止、劝说或举报行为。

由图 5-11（b）可知，当发现有企业直接排放未经处理的污水时，有 54.11%的受调查者表示没有采取过举报行为，有 45.90%的受调查者有过举报行为。

由图 5-11（c）可知，当发现水行政监督执法部门监管不到位时，有 72.14%的受调查者表示没有采取过举报行为，仅有 27.86%的受调查者有过举报行为，其中有 4.64%的受调查者表示一旦发现就会举报。

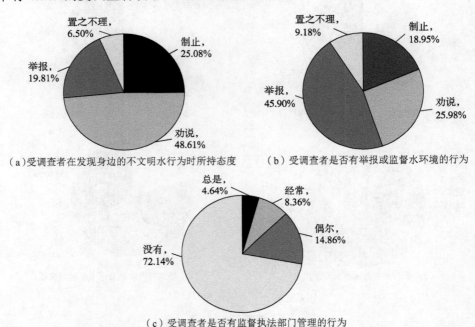

（a）受调查者在发现身边的不文明水行为时所持态度　　（b）受调查者是否有举报或监督水环境的行为

（c）受调查者是否有监督执法部门管理的行为

图 5-11　受调查者采取法律行为状况

由于舍入修约，图中数据相加不为 100%

4. 其他

由图 5-12 可知，78.95%的北京市受调查者认为北京市缺水，仅有 17.34%的受调查者认为北京市并不缺水；由图 5-13 可知，北京市公民通过多种途径获取水相关知识和信息。

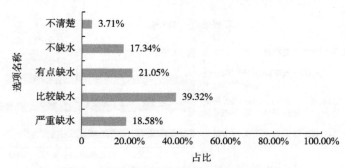

图 5-12 受调查者认为生活地区的水资源状况

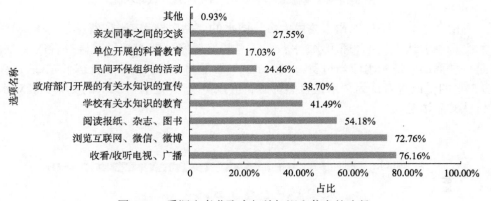

图 5-13 受调查者获取水相关知识和信息的途径

5.4.2 郑州市公民水素养问卷调查描述性统计

1. 郑州市公民水知识问卷调查描述性统计

1）水科学基础知识

由图 5-14 可知，在郑州市公民中，仅有 3.30%的受调查者认为"我国水资源总量丰富，根本不缺水"；有 3.96%的受调查者不清楚我国水资源分布现状；有 83.17%的受调查者认为"大部分地区降水量年内分配不均匀，年际变化较大"；有 92.08%的受调查者认为"水资源空间分布不均匀，总体状况南多北少，水量与耕地分布不相适应"；有 76.90%的受调查者认为"水资源总量丰富，但人均水资源占有量少"。

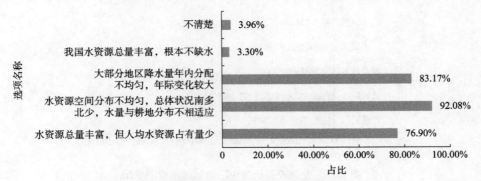

图 5-14　受调查者对我国水资源分布现状认知状况

　　由图 5-15 可知,郑州市公民大多认同水的商品属性,应当付费。其中,85.81%的受调查者认为"为合理用水,水价并不是越低越好";76.57%的受调查者认为"水是一种商品,使用水应当付费";有 11.55%的受调查者认为"水价越低越好";有 9.57%的受调查者认为"水是自然资源,应该免费";还有 1.32%的受调查者对水价认知不清楚。

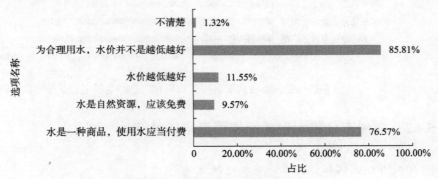

图 5-15　受调查者对水价的看法

　　2）水资源开发利用及管理知识
　　由图 5-16 可知,郑州市公民对我国水资源管理手段(技术手段、行政手段、法律手段和经济手段等)基本了解,仅有 2.64%的受调查者表示不清楚。
　　3）水生态环境保护知识
　　由图 5-17 可知,郑州市公民对造成水污染的方式基本了解,受调查者中对"工业生产废水直接排放"、"农药和化肥的过度使用"、"轮船漏油"及"家庭生活污水直接排放"的认可占比分别为 95.05%、96.04%、87.13%、79.21%,仅有 0.99%的受调查者表示不清楚。

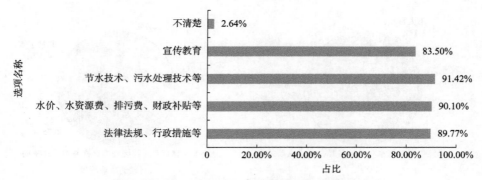

图 5-16　受调查者对我国水资源管理手段了解状况

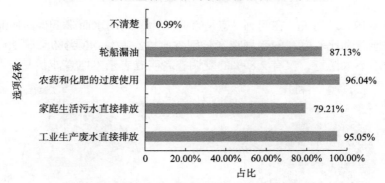

图 5-17　受调查者对造成水污染行为的了解状况

2. 郑州市公民水态度问卷调查描述性统计

1）水情感

由图 5-18（a）可知，93.64%的受调查者非常喜欢或比较喜欢与水有关的名胜古迹或风景区（如都江堰、三峡大坝和千岛湖等），仅有 2.89%的受调查者明确表示不喜欢。

由图 5-18（b）可知，65.03%的受调查者非常了解或比较了解我国当前存在并急需解决的水问题（如水资源短缺、水生态损害和水环境污染等），有 31.50%的受调查者不太了解，仅有 3.47%的受调查者表示不了解。

2）水责任

由图 5-19（a）可知，在问到"您是否愿意采取一些行为（如捡拾水边垃圾等）来保护水生态环境？"时，表示非常愿意和比较愿意的受调查者分别为 56.94%、36.42%，有 5.20%的受调查者表示不太愿意，仅有 1.45%的受调查者明确表示不愿意。

由图 5-19（b）可知，在问到"您是否愿意节约用水？"时，表示非常愿意和比较愿意的受调查者分别为 81.21%、17.92%，有 0.87%的受调查者表示不太愿意，受调查者中没有人明确表示不愿意。

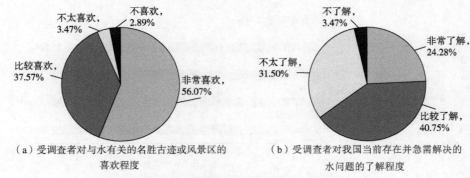

（a）受调查者对与水有关的名胜古迹或风景区的
喜欢程度

（b）受调查者对我国当前存在并急需解决的
水问题的了解程度

图 5-18　受调查者水情感认知状况

由图 5-19（c）可知，在问到"您是否愿意为节约用水而降低生活质量？"时，表示非常愿意和比较愿意的受调查者分别占比 32.66%、43.93%，有 20.52%的受调查者表示不太愿意，仅有 2.89%的受调查者明确表示不愿意。

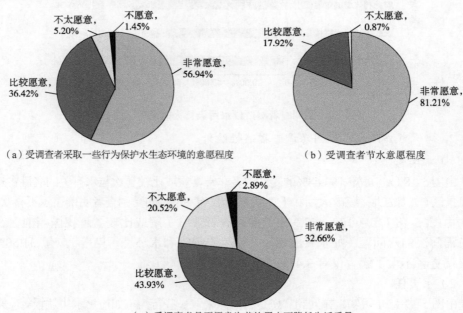

（a）受调查者采取一些行为保护水生态环境的意愿程度

（b）受调查者节水意愿程度

（c）受调查者是否愿意为节约用水而降低生活质量

图 5-19　受调查者水责任意识状况

由于舍入修约，图中数据相加不为 100%

3）水伦理

由图 5-20（a）可知，在问到对"我们当代人不需要考虑缺水和水污染问题，后代人会有办法去解决"这一问题的看法时，57.51%的受调查者表示非常反对，35.55%的受调查者表示反对，仅有 6.93%的受调查者表示赞同或非常赞同。

由图 5-20（b）可知，在问到对"谁用水谁付费，谁污染谁补偿"的看法时，有 25.72%的受调查者表示非常赞同，有 45.09%的受调查者表示赞同，有 29.19%的受调查者表示反对或非常反对。

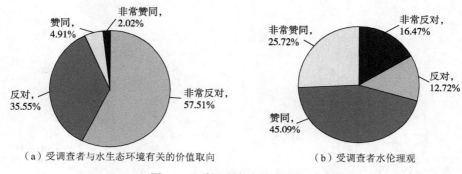

（a）受调查者与水生态环境有关的价值取向　　　　　（b）受调查者水伦理观

图 5-20　受调查者水伦理认知状况

由于舍入修约，图中数据相加不为 100%

3. 郑州市公民水行为问卷调查描述性统计

1）水生态和水环境管理行为

由图 5-21（a）可知，87.28%的受调查者非常关注或比较关注水资源保护、节约用水广告等公益宣传活动，仅有 2.60%的受调查者不关注。

由图 5-21（b）可知，86.80%的受调查者接受过节水护水爱水宣传教育，仅有 13.20%的受调查者表示没有接受过此类教育。

由图 5-21（c）可知，有 74.85%的受调查者参加过社区或学校组织的节水爱水护水活动，有 25.14%的受调查者表示没有参加过此类活动。

由图 5-21（d）可知，有 40.75%的受调查者非常了解或比较了解水灾害避险的技巧方法，有 46.24%的受调查者不太了解，仅有 13.01%的受调查者表示不了解。

2）说服行为

由图 5-22（a）可知，在问到"您是否监督过企业（或个人）的排污行为？"时，仅有 32.95%的受调查者表示没有，有 67.05%的受调查者有过不同程度的监督行为，其中有 8.38%的受调查者表示一旦发现总是会举报。

由图 5-22（b）可知，在问到"当您生活中遭遇严重的水污染事件时，您会怎么做？"时，有 34.39%的受调查者会制止，有 30.35%的受调查者会劝说，有 31.21%的受调查者会举报，仅有 4.05%的受调查者会置之不理。

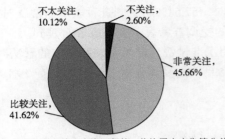

（a）受调查者关注水资源保护、节约用水广告等公益
宣传活动程度

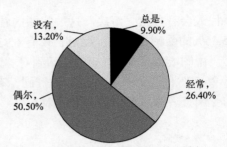

（b）受调查者是否接受过节水护水爱水
宣传教育

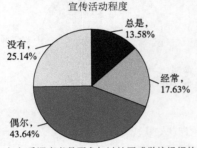

（c）受调查者是否参加过社区或学校组织的
节水爱水护水活动

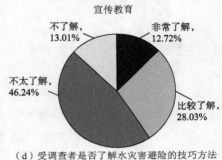

（d）受调查者是否了解水灾害避险的技巧方法

图 5-21　受调查者参与水生态和水环境管理行为状况
由于舍入修约，图中数据相加不为 100%

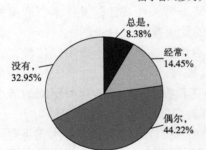

（a）受调查者是否监督过企业（或个人）的排污行为

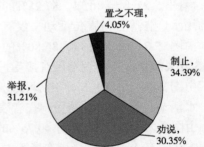

（b）受调查者在生活中遭遇严重的水污染事件时
所持态度

图 5-22　受调查者对待排污行为态度
由于舍入修约，图中数据相加不为 100%

3）消费行为

由图 5-23（a）可知，有 90.46%的受调查者有利用淘米水洗菜或者浇花的经历。

由图 5-23（b）可知，有 76.87%的受调查者收集过洗衣机的脱水或手洗衣服时的漂洗水进行再利用。

　　由图 5-23（c）可知，有 99.43%的受调查者表示在洗漱时会随时关闭水龙头，仅有 0.58%的受调查者表示从来没有。

　　由图 5-23（d）可知，有 68.50%的受调查者家里使用了节水设备，有 9.54%的受调查者表示不清楚有无使用，有 21.97%的受调查者明确表示并未使用。

　　由图 5-23（e）可知，在问到"当发现前期用水量较大后，您是否愿意采取一些行为减少用水量？"时，有 55.49%的受调查者表示非常愿意，有 32.08%的受调查者表示比较愿意，有 9.25%的受调查者表示不太愿意，仅有 3.18%的受调查者表示不愿意。

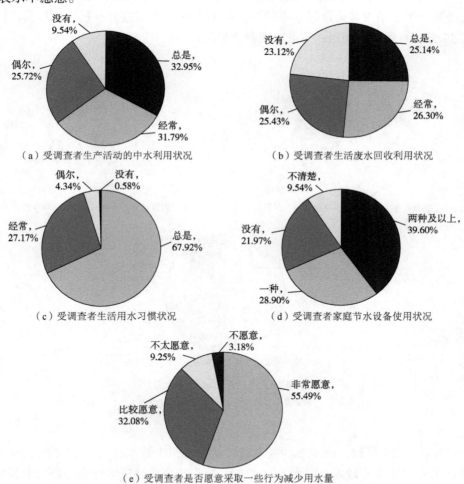

（a）受调查者生产活动的中水利用状况

（b）受调查者生活废水回收利用状况

（c）受调查者生活用水习惯状况

（d）受调查者家庭节水设备使用状况

（e）受调查者是否愿意采取一些行为减少用水量

图 5-23　受调查者水消费行为状况

由于舍入修约，图中数据相加不为 100%

4）法律行为

由图 5-24（a）可知，在问到"当发现身边的不文明水行为（如在水源地游泳）时，您会怎么做？"时，仅有 5.78%的受调查者表示会置之不理，其余 94.22%的受调查者会视情况而采取制止、劝说或举报行为。

由图 5-24（b）可知，当发现有企业直接排放未经处理的污水时，有 43.64%的受调查者表示没有采取过举报行为，有 56.36%的受调查者有过举报行为，其中有 17.05%的受调查者表示一旦发现就会举报。

由图 5-24（c）可知，当发现水行政监督执法部门监管不到位时，有 45.95%的受调查者表示没有采取过举报行为，有 54.04%的受调查者有过举报行为，其中有 13.58%的受调查者表示一旦发现就会举报。

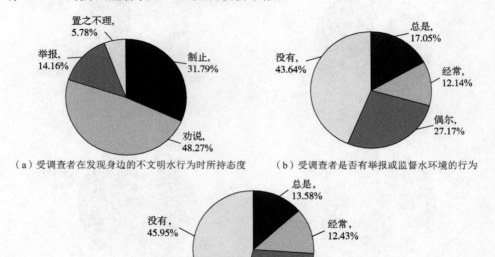

（a）受调查者在发现身边的不文明水行为时所持态度　　（b）受调查者是否有举报或监督水环境的行为

（c）受调查者是否有监督执法部门管理的行为

图 5-24　受调查者采取法律行为状况

由于舍入修约，图中数据相加不为 100%

4. 其他

由图 5-25 可知，68.97%的受调查者认为郑州市缺水，仅有 27.72%的受调查者认为郑州市并不缺水；由图 5-26 可知，郑州市公民通过多种途径获取水相关知识和信息。

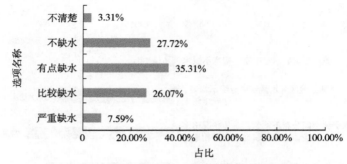

图 5-25　受调查者认为生活地区的水资源状况

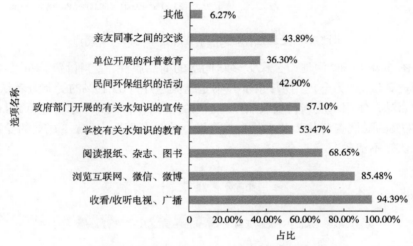

图 5-26　受调查者获取水相关知识和信息的途径

5.4.3　河池市公民水素养问卷调查描述性统计

1. 河池市公民水知识问卷调查描述性统计

1）水科学基础知识

由图 5-27 可知，在河池市公民中，有 4.78%的受调查者认为"我国水资源总量丰富，根本不缺水"，有 8.19%的受调查者不清楚我国水资源分布现状，有 63.82%的受调查者认为"大部分地区降水量年内分配不均匀，年际变化较大"，有 77.82%的受调查者认为"水资源空间分布不均匀，总体状况南多北少，水量与耕地分布不相适应"，有 67.92%的受调查者认为"水资源总量丰富，但人均水资源占有量少"。

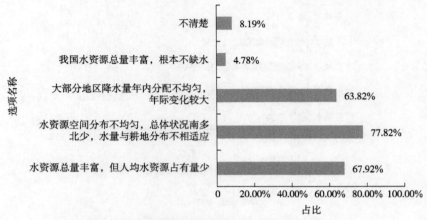

图 5-27 受调查者对我国水资源分布现状认知状况

由图 5-28 可知，河池市公民大多认同水的商品属性，应当付费。其中，76.11% 的受调查者认为"为合理用水，水价并不是越低越好"；65.19% 的受调查者认为"水是一种商品，使用水应当付费"；有 17.41% 的受调查者认为"水价越低越好"，仅有 18.77% 的受调查者认为"水是自然资源，应该免费"；还有 3.07% 的受调查者对水价认知不清楚。

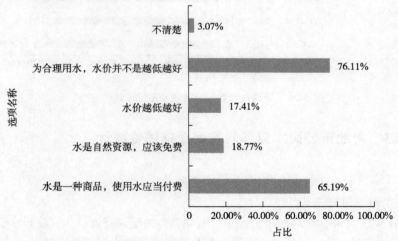

图 5-28 受调查者对水价的看法

2）水资源开发利用及管理知识

由图 5-29 可知，河池市公民对我国水资源管理手段（技术手段、行政手段、法律手段和经济手段等）基本了解，仅有 5.46% 的受调查者表示不清楚。

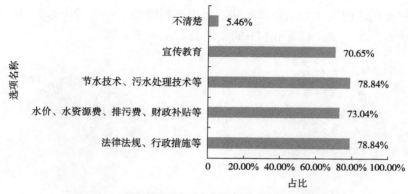

图 5-29　受调查者对我国水资源管理手段了解状况

3）水生态环境保护知识

由图 5-30 可知，河池市公民对造成水污染的方式基本了解，受调查者中对"工业生产废水直接排放"、"农药和化肥的过度使用"、"轮船漏油"以及"家庭生活污水直接排放"的认可占比分别约为 95.56%、90.10%、82.94%、81.23%，仅有 2.05%的受调查者表示不清楚。

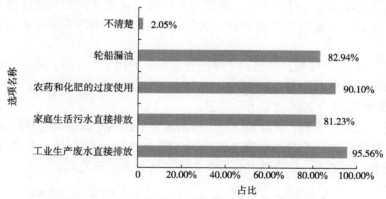

图 5-30　受调查者对造成水污染行为的了解状况

2. 河池市公民水态度问卷调查描述性统计

1）水情感

由图 5-31（a）可知，90.78%的受调查者非常喜欢或比较喜欢与水有关的名胜古迹或风景区（如都江堰、三峡大坝和千岛湖等），仅有 2.73%的受调查者明确表示不喜欢。

由图 5-31（b）可知，67.24%的受调查者非常了解或比较了解我国当前存在并急需解决的水问题（如水资源短缺、水生态损害和水环境污染等），有 26.62% 的受调查者不太了解，仅有 6.14% 的受调查者表示不了解。

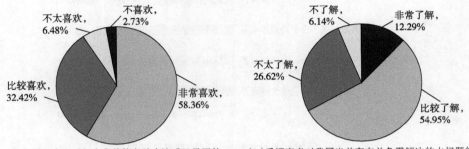

（a）受调查者对与水有关的名胜古迹或风景区的
喜欢程度

（b）受调查者对我国当前存在并急需解决的水问题的
了解程度

图 5-31　受调查者水情感认知状况

由于舍入修约，图中数据相加不为 100%

2）水责任

由图 5-32（a）可知，在问到"您是否愿意采取一些行为（如捡拾水边垃圾等）来保护水生态环境？"时，表示非常愿意和比较愿意的受调查者分别占 52.56%、33.45%，有 11.26% 的受调查者表示不太愿意，仅有 2.73% 的受调查者明确表示不愿意。

由图 5-32（b）可知，在问到"您是否愿意节约用水？"时，表示非常愿意和比较愿意的受调查者分别占 68.60%、29.01%，有 1.37% 的受调查者表示不太愿意，仅有 1.02% 的受调查者明确表示不愿意。

由图 5-32（c）可知，在问到"您是否愿意为节约用水而降低生活质量？"时，表示非常愿意和比较愿意的受调查者分别占比 24.57%、41.64%，有 26.62% 的受调查者表示不太愿意，仅有 7.17% 的受调查者明确表示不愿意。

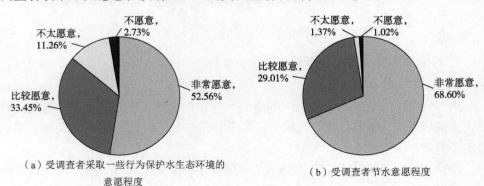

（a）受调查者采取一些行为保护水生态环境的
意愿程度

（b）受调查者节水意愿程度

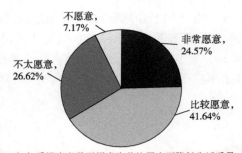

（c）受调查者是否愿意为节约用水而降低生活质量

图 5-32　受调查者水责任意识状况

3）水伦理

由图 5-33（a）可知，在问到对"我们当代人不需要考虑缺水和水污染问题，后代人会有办法去解决"这一问题的看法时，58.70%的受调查者表示非常反对，37.20%的受调查者表示反对，仅有 4.10 %的受调查者表示赞同，受调查者中没有人表示非常赞同。

由图 5-33（b）可知，在问到对"谁用水谁付费，谁污染谁补偿"的看法时，有 29.01%受调查者表示非常赞同，有 47.44%的受调查者表示赞同，有 9.22%的受调查者表示反对，仅有 14.33%的受调查者明确表示非常反对。

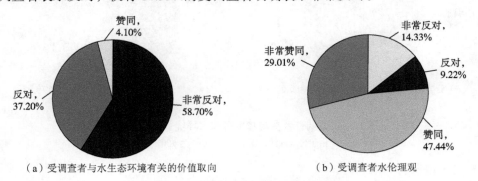

（a）受调查者与水生态环境有关的价值取向　　　　　　（b）受调查者水伦理观

图 5-33　受调查者水伦理认知状况

3. 河池市公民水行为问卷调查描述性统计

1）水生态和水环境管理行为

由图 5-34（a）可知，有 80.55%的受调查者非常关注或比较关注水资源保护、节约用水广告等公益宣传活动，仅有 4.10%的受调查者不关注。

由图 5-34（b）可知，有 79.18%的受调查者接受过节水护水爱水宣传教育，有 20.82%的受调查者表示没有接受过此类教育。

由图 5-34（c）可知，有 87.71% 的受调查者参加过社区或学校组织的节水爱水护水活动，有 12.29% 的受调查者表示没有参加过此类活动。

由图 5-34（d）可知，有 52.22% 的受调查者非常了解或比较了解水灾害避险的技巧方法，有 39.25% 的受调查者不太了解，仅有 8.53% 的受调查者表示不了解。

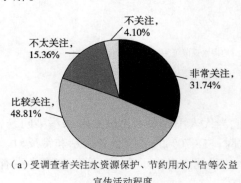

（a）受调查者关注水资源保护、节约用水广告等公益宣传活动程度

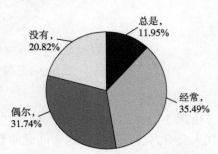

（b）受调查者是否接受过节水护水爱水宣传教育

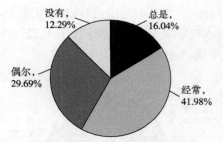

（c）受调查者是否参加过社区或学校组织的节水爱水护水活动

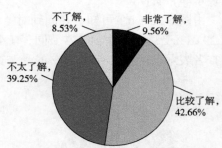

（d）受调查者是否了解水灾害避险的技巧方法

图 5-34　受调查者参与水生态和水环境管理行为状况

由于舍入修约，图中数据相加不为 100%

2）说服行为

由图 5-35（a）可知，在问到"您是否监督过企业（或个人）的排污行为？"时，有 35.84% 的受调查者表示没有，有 64.16% 的受调查者有过不同程度的监督行为，其中有 3.07% 的受调查者表示一旦发现总是会举报。

由图 5-35（b）可知，在问到"当您生活中遭遇严重的水污染事件时，您会怎么做？"时，有 33.79% 的受调查者会制止，有 26.28% 的受调查者会劝说，有 35.49% 的受调查者会举报，仅有 4.44% 的受调查者会置之不理。

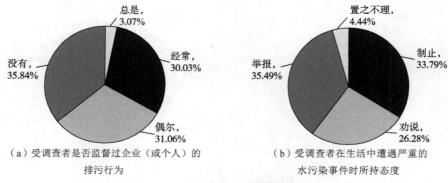

（a）受调查者是否监督过企业（或个人）的排污行为

（b）受调查者在生活中遭遇严重的水污染事件时所持态度

图 5-35　受调查者对待排污行为态度

3）消费行为

由图 5-36（a）可知，有 89.08%的受调查者有利用淘米水洗菜或者浇花的经历。

由图 5-36（b）可知，有 77.14%的受调查者收集过洗衣机的脱水或手洗衣服时的漂洗水进行再利用。

由图 5-36（c）可知，有 98.64%的受调查者表示在洗漱时会随时关闭水龙头，仅有 1.37%的受调查者表示从来没有。

由图 5-36（d）可知，有 70.30%的受调查者家里使用了节水设备，有 12.97%的受调查者表示不清楚有无使用，仅有 16.72%的受调查者明确表示并未使用。

由图 5-36（e）可知，在问到"当发现前期用水量较大后，您是否愿意采取一些行为减少用水量？"时，有 50.17%的受调查者表示非常愿意，有 43.34%的受调查者表示比较愿意，有 4.78%的受调查者表示不太愿意，仅有 1.71%的受调查者表示不愿意。

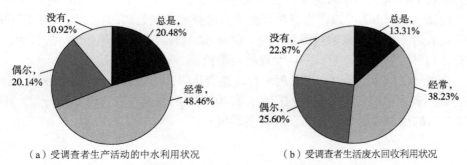

（a）受调查者生产活动的中水利用状况

（b）受调查者生活废水回收利用状况

图 5-36　受调查者水消费行为状况

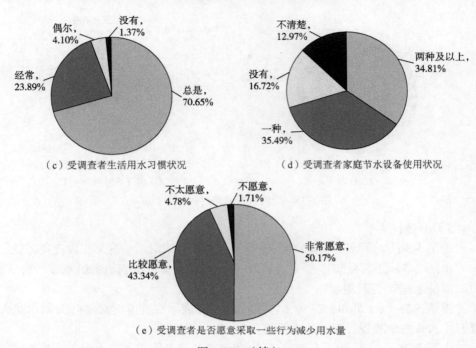

（c）受调查者生活用水习惯状况　　　　（d）受调查者家庭节水设备使用状况

（e）受调查者是否愿意采取一些行为减少用水量

图 5-36　（续）

由于舍入修约，图中数据相加不为100%

4）法律行为

由图 5-37（a）可知，在问到"当发现身边的不文明水行为（如在水源地游泳）时，您会怎么做？"时，仅有 5.12%的受调查者表示会置之不理，其余 94.88%的受调查者会视情况而采取制止、劝说或举报行为。

由图 5-37（b）可知，当发现有企业直接排放未经处理的污水时，有 57.68%的受调查者表示没有采取过举报行为，仅有 42.32%的受调查者有过举报行为，其中有 3.41%的受调查者表示一旦发现就会举报。

由图 5-37（c）可知，当发现水行政监督执法部门监管不到位时，有 53.24%的受调查者表示没有采取过举报行为，有 46.75%的受调查者有过举报行为，其中有 2.73%的受调查者表示一旦发现就会举报。

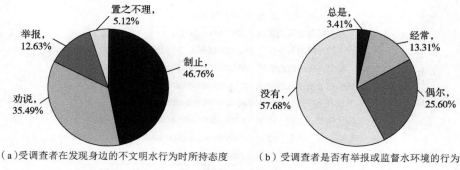

（a）受调查者在发现身边的不文明水行为时所持态度　　（b）受调查者是否有举报或监督水环境的行为

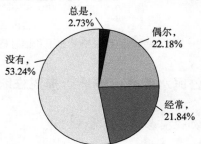

（c）受调查者是否有监督执法部门管理的行为

图 5-37　受调查者采取法律行为状况

由于舍入修约，图中数据相加不为 100%

4. 其他

由图 5-38 可知，59.39%的受调查者认为河池市相对缺水，但有 35.84%的受调查者认为河池市并不缺水；由图 5-39 可知，河池市公民通过多种途径获取水相关知识和信息。

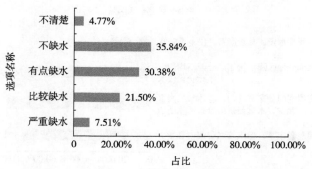

图 5-38　受调查者认为生活地区的水资源状况

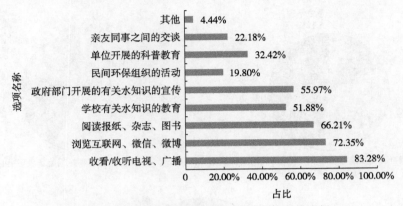

图 5-39　受调查者获取水相关知识和信息的途径

5.4.4　青铜峡市公民水素养问卷调查描述性统计

1. 青铜峡市公民水知识问卷调查描述性统计

1）水科学基础知识

由图 5-40 可知，在对青铜峡市公民的调查中，有 6.47% 的受调查者认为"我国水资源总量丰富，根本不缺水"，有 5.04% 的受调查者不清楚水资源分布状况，有 66.19% 的受调查者认为"大部分地区降水量年内分配不均匀，年际变化较大"，有 79.14% 的受调查者认为"水资源空间分布不均匀，总体状况南多北少，水量与耕地分布不相适应"，有 71.22% 的受调查者认为"水资源总量丰富，但人均水资源占有量少"。

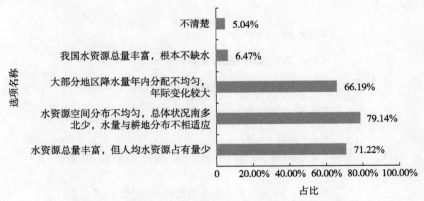

图 5-40　受调查者对我国水资源分布现状认知状况

由图 5-41 可知，青铜峡市公民大多认同水的商品属性，应当付费。其中，70.50%的受调查者认为"为合理用水，水价并不是越低越好"；77.70%的受调查者认为"水是一种商品，使用水应当付费"；有 20.86%的受调查者认为"水价越低越好"；仅有 13.67%的受调查者认为"水是自然资源，应该免费"；还有 5.76%的受调查者对水价认知不清楚。

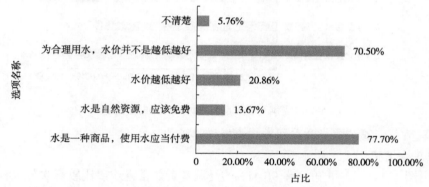

图 5-41　受调查者对水价的看法

2）水资源开发利用及管理知识

由图 5-42 可知，青铜峡市公民对我国水资源管理手段（技术手段、行政手段、法律手段和经济手段等）基本了解，仅有 2.88%的受调查者表示不清楚。

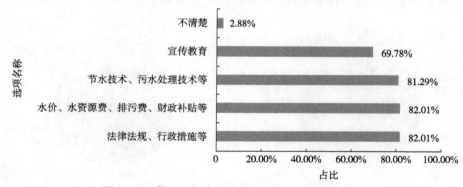

图 5-42　受调查者对我国水资源管理手段了解状况

3）水生态环境保护知识

由图 5-43 可知，青铜峡市公民对造成水污染的方式基本了解，受调查者中对"工业生产废水直接排放"、"农药和化肥的过度使用"、"轮船漏油"及"家庭生活污水直接排放"的认可占比分别约为 95.68%、90.65%、86.33%、79.14%，仅有

0.72%的受调查者表示不清楚。

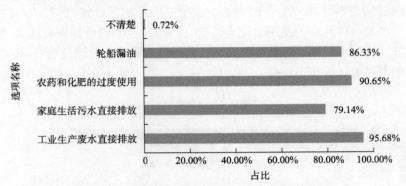

图 5-43　受调查者对造成水污染行为的了解状况

2. 青铜峡市公民水态度问卷调查描述性统计

1）水情感

由图 5-44（a）可知，有 96.41%的受调查者非常喜欢或比较喜欢与水有关的名胜古迹或风景区（如都江堰、三峡大坝和千岛湖等），仅有 0.72%的受调查者明确表示不喜欢。

由图 5-44（b）可知，有 69.07%的受调查者非常了解或比较了解我国当前存在并急需解决的水问题（如水资源短缺、水生态损害和水环境污染等），有 28.78%的受调查者不太了解，仅有 2.16%的受调查者表示不了解。

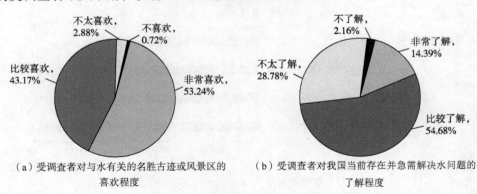

（a）受调查者对与水有关的名胜古迹或风景区的喜欢程度　　（b）受调查者对我国当前存在并急需解决水问题的了解程度

图 5-44　受调查者水情感认知状况

由于舍入修约，图中数据相加不为 100%

2）水责任

由图 5-45（a）可知，在问到"您是否愿意采取一些行为（如捡拾水边垃圾等）

来保护水生态环境？"时，表示非常愿意和比较愿意的受调查者分别占比 39.57%、46.76%，有 6.47% 的受调查者表示不太愿意，仅有 7.19% 的受调查者明确表示不愿意。

由图 5-45（b）可知，在问到"您是否愿意节约用水？"时，表示非常愿意和比较愿意的受调查者分别占 69.78%、21.58%，有 6.47% 的受调查者表示不太愿意，仅有 2.16% 的受调查者明确表示不愿意。

由图 5-45（c）可知，在问到"您是否愿意为节约用水而降低生活质量？"时，表示非常愿意和比较愿意的受调查者分别占 17.99%、45.32%，有 25.90% 的受调查者表示不太愿意，仅有 10.79% 的受调查者明确表示不愿意。

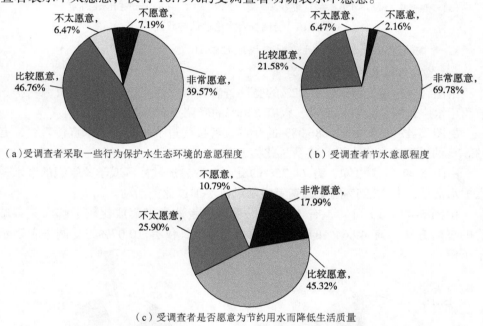

（a）受调查者采取一些行为保护水生态环境的意愿程度　　　　（b）受调查者节水意愿程度

（c）受调查者是否愿意为节约用水而降低生活质量

图 5-45　受调查者水责任意识状况

由于舍入修约，图中数据相加不为 100%

3）水伦理

由图 5-46（a）可知，在问到对"我们当代人不需要考虑缺水和水污染问题，后代人会有办法去解决"这一问题的看法时，39.57% 的受调查者表示非常反对，51.08% 的受调查者表示反对，仅有 9.35% 的受调查者表示赞同或非常赞同。

由图 5-46（b）可知，在问到对"谁用水谁付费，谁污染谁补偿"的看法时，有 35.97% 的受调查者表示非常赞同，有 41.73% 的受调查者表示赞同，有 12.95%

的受调查者表示反对，仅有 9.35%的受调查者明确表示非常反对。

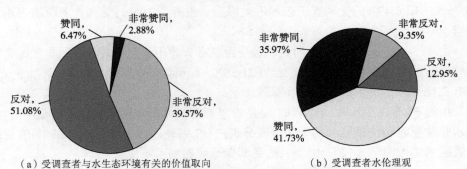

（a）受调查者与水生态环境有关的价值取向　　　　　（b）受调查者水伦理观

图 5-46　受调查者水伦理认知状况

3. 青铜峡市公民水行为问卷调查描述性统计

1）水生态和水环境管理行为

由图 5-47（a）可知，82.02%的受调查者非常关注或比较关注水资源保护、节约用水广告等公益宣传活动，仅有 2.88%的受调查者不关注。

由图 5-47（b）可知，86.33%的受调查者接受过节水护水爱水宣传教育，有 13.67%的受调查者表示没有接受过此类教育。

由图 5-47（c）可知，有 64.75%的受调查者参加过社区或学校组织的节水爱水护水活动，有 35.25%的受调查者表示没有参加过此类活动。

由图 5-47（d）可知，有 40.29%的受调查者非常了解或比较了解水灾害避险的技巧方法，有 49.64%的受调查者不太了解，仅有 10.07%的受调查者表示不了解。

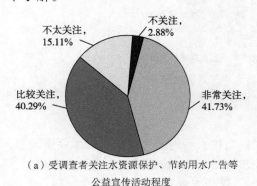

（a）受调查者关注水资源保护、节约用水广告等
公益宣传活动程度

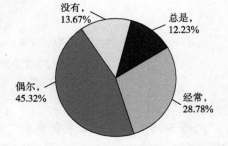

（b）受调查者是否接受过节水护水爱水宣传教育

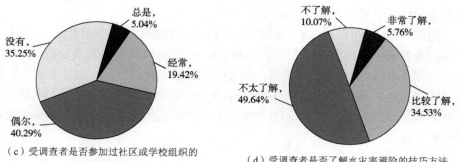

（c）受调查者是否参加过社区或学校组织的
节水爱水护水活动

（d）受调查者是否了解水灾害避险的技巧方法

图 5-47　受调查者参与水生态和水环境管理行为状况
由于舍入修约，图中数据相加不为 100%

2）说服行为

由图 5-48（a）可知，在问到"您是否监督过企业（或个人）的排污行为？"时，有 63.31%的受调查者表示没有，有 36.69%的受调查者有过不同程度的监督行为，其中仅有 0.72%的受调查者表示一旦发现总是会举报。

由图 5-48（b）可知，在问到"当您生活中遭遇严重的水污染事件时，您会怎么做？"时，有 22.30%的受调查者会制止，有 27.34%的受调查者会劝说，有 40.29%的受调查者会举报，仅有 10.07%的受调查者会置之不理。

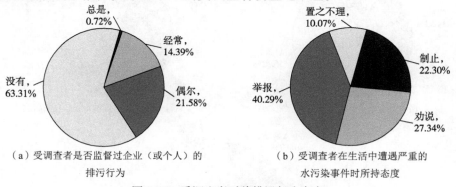

（a）受调查者是否监督过企业（或个人）的
排污行为

（b）受调查者在生活中遭遇严重的
水污染事件时所持态度

图 5-48　受调查者对待排污行为态度

3）消费行为

由图 5-49（a）可知，有 94.96%的受调查者有利用淘米水洗菜或者浇花的经历。

由图 5-49（b）可知，有 64.75%的受调查者收集过洗衣机的脱水或手洗衣服时的漂洗水进行再利用。

由图 5-49（c）可知，有 98.56%的受调查者表示在洗漱时会随时关闭水龙头，仅有 1.44% 的受调查者表示从来没有。

　　由图 5-49（d）可知，有 64.02% 的受调查者家里使用了节水设备，有 10.79% 的受调查者表示不清楚有无使用，仅有 25.18% 的受调查者明确表示并未使用。

　　由图 5-49（e）可知，在问到"当发现前期用水量较大后，您是否愿意采取一些行为减少用水量？"时，有 44.60% 的受调查者表示非常愿意，有 40.29% 的受调查者表示比较愿意，有 10.07% 的受调查者表示不太愿意，仅有 5.04% 的受调查者表示不愿意。

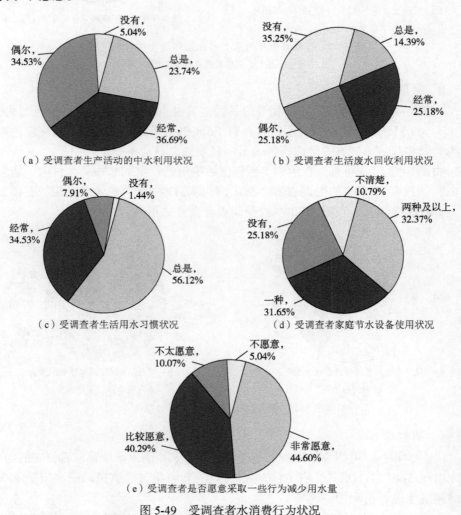

（a）受调查者生产活动的中水利用状况

（b）受调查者生活废水回收利用状况

（c）受调查者生活用水习惯状况

（d）受调查者家庭节水设备使用状况

（e）受调查者是否愿意采取一些行为减少用水量

图 5-49　受调查者水消费行为状况

由于舍入修约，图中数据相加不为 100%

4）法律行为

由图 5-50（a）可知，在问到"当发现身边的不文明水行为（如在水源地游泳）时，您会怎么做？"时，仅有 10.07%的受调查者表示会置之不理，其余 89.93%的受调查者会视情况而采取制止、劝说或举报行为。

由图 5-50（b）可知，当发现有企业直接排放未经处理的污水时，有 63.31%的受调查者表示没有采取过举报行为，仅有 36.69%的受调查者有过举报行为，其中有 0.72%的受调查者表示一旦发现就会举报。

由图 5-50（c）可知，当发现水行政监督执法部门监管不到位时，有 66.91%的受调查者表示没有采取过举报行为，仅有 33.09%的受调查者有过举报行为，其中有 2.16%的受调查者表示一旦发现就会举报。

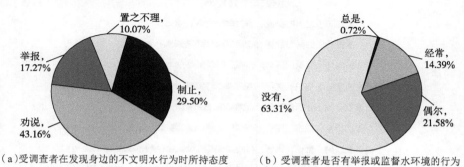

（a）受调查者在发现身边的不文明水行为时所持态度　　（b）受调查者是否有举报或监督水环境的行为

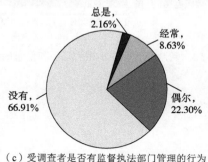

（c）受调查者是否有监督执法部门管理的行为

图 5-50　受调查者采取法律行为状况

4. 其他

由图 5-51 可知，有 76.26%的受调查者认为青铜峡市缺水，有 20.86%的受调查者认为青铜峡市并不缺水；由图 5-52 可知，青铜峡市公民通过多种途径获取水相关知识和信息。

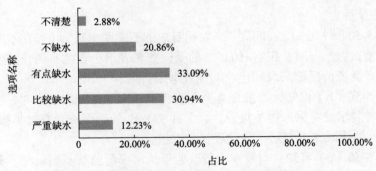

图 5-51　受调查者认为生活地区的水资源状况

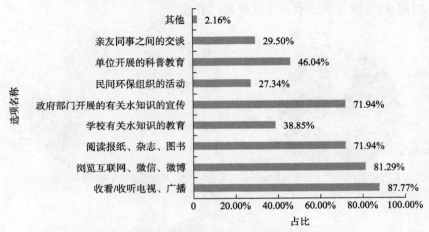

图 5-52　受调查者获取水相关知识和信息的途径

第6章　试点城市公民水素养评价

　　根据试点城市公民水素养问卷调查情况，对试点城市公民水素养做出评价及分析，并结合受调查者的个人基本特征，对不同群体的水素养进行评价及分析。

6.1　量表赋分规则

　　本问卷调查中，水态度和水行为采用利克特量表进行测量，水知识采用多选题形式予以测评。利克特量表是由美国社会心理学家利克特（R. A. Likert）于1932年在原有的指数形式的基础上改进而成的。利克特量表由一组对某事物的态度或看法的陈述组成，与前述指数所不同的是，回答者对这些陈述的回答不是被简单地分成"同意"和"不同意"两类，而是被分成若干意见。由于答案类型的增多，人们在态度上的差别就能更清楚地反映出来。利克特量表也是社会研究中用得最多的一种量表形式。本章将答案设计为四个测量等级，分别对应"4、3、2、1"分值，并根据不同的问题设计不同的陈述语言组合，从而便于被调查者更明确、更便捷地做出选择，从而更清晰地反映被调查者的态度或看法。

　　水知识问题采用多选题形式，为便于统一评价，我们将多选题的评价准则确定为完全正确记4分，漏选且没有错误选项记3分，有错误选项记2分，无正确选项或不清楚记1分，并根据该准则将被调查者的多选题答题情况转换为4级得分，以便进行得分汇总。

6.2　北京市公民水素养评价

6.2.1　北京市公民水素养评价得分情况

对北京市公民水素养问卷调查结果进行统计分析，得到各评价因子得分的均值（分数为 1~4，分数越高，评价越好），如表 6-1 所示。

表6-1　北京市公民水素养评价因子得分情况

一级指标	二级指标	题号	观测点摘要	得分
水知识	水科学基础知识	22	水资源分布现状	3.25
		23	受调查者对水价的观点	2.94
	水资源开发利用及管理知识	24	水资源管理行政手段	3.23
	水生态环境保护知识	25	造成水污染的活动	3.33
水态度	水情感	1	受调查者是否喜欢水风景区	3.56
		3	受调查者是否了解目前的水问题	2.98
	水责任	7	受调查者是否愿意节约用水	3.85
		8	受调查者是否愿意为节约用水而降低生活质量	2.97
		4	受调查者是否愿意采取行动保护水生态环境	3.51
	水伦理	20	受调查者是否赞同把解决水问题的责任推给后代	3.53
		21	受调查者是否赞同水生态补偿的原则	2.89
水行为	水生态和水环境管理行为	16	受调查者主动参与水宣传活动的行为	2.25
		2	受调查者关注护水宣传广告的行为	3.33
		6	受调查者接受水知识宣传的经历	2.54
		17	受调查者学习避险知识的经历	2.44
	说服行为	14	受调查者参与制止水污染事件的行为	2.78
		5	受调查者参与公益环保组织开展活动的经历	1.77
	消费行为	9	受调查者的生活废水回收利用行为	2.96
		10	受调查者的生活废水回收利用行为	2.66
		11	受调查者生活用水习惯	3.74
		13	受调查者生活用水频率	3.56
		12	受调查者家庭节水设备的使用情况	3.05
	法律行为	15	受调查者举报他人不当水行为的情况	2.92
		18	受调查者举报企业不当水行为的情况	1.48
		19	受调查者举报行政监督执法部门不当监管行为的情况	1.46

从北京市公民水素养评价因子得分情况来看，得分最高的题目是第 7 题"您

是否愿意节约用水？"，得分为 3.85，非常接近最高分 4 分，其对应评价指标为水态度，说明受调查者从主观上都有非常明确的节水意识和强烈的节水责任。而得分处于第 2 位的是第 11 题"洗漱时，您是否会随时关闭水龙头？"，得分为 3.74，其对应评价指标为水行为，反映了受调查者明确的节水意识投射在水行为上的表现，也说明受调查者在日常生活中具有良好的用水消费习惯。得分最低的题目是第 19 题"当发现水行政监督执法部门监管不到位时，您举报过吗？"，得分仅为 1.46，说明绝大多数受调查者都没有过关注或监督行政监督执法部门的行为，或者即使注意到行政监督执法部门有失职的情况也没有采取举报等手段。此外，相类似的是第 18 题"当发现有企业直接排放未经处理的污水，您举报过吗？"，得分仅为 1.48，位居倒数第 2 位；第 5 题是"您是否监督过企业（或个人）的排污行为？"，得分仅为 1.77，说明受调查者很少关注或监督企业等其他组织的不当水行为，或者很少对企业等其他组织的不当水行为进行举报，这可能是受到受调查者"多一事不如少一事"或者"事不关己高高挂起"的心态的影响。

水知识所对应的问题有 4 题，其中，第 22 题是"关于我国水资源分布现状，您认为正确的说法有哪些？"，第 24 题是"我国的水资源管理手段有哪些？"，第 25 题是"您认为以下哪些活动会造成水污染？"，3 道题目的得分比较接近，都在 3.2 分左右，说明受调查者对这些知识比较了解；而第 23 题是"您对水价的看法是什么？"，其得分相对较低，只有 2.94 分，说明一部分受调查者对水资源的商品属性并没有正确的认识，既不了解自然界中的水在成为可饮用水的过程中需要花费一定的生产成本，也不清楚水价既是对这种耗费的补偿也是对用水行为的调节。

水态度整体得分相对较高，除得到最高分的第 7 题之外，得分比较接近的还有第 1 题"您是否喜欢与水有关的名胜古迹或风景区（如都江堰、三峡大坝和千岛湖等）？"，第 20 题"'我们当代人不需要考虑缺水和水污染问题，后代人会有办法去解决'，对这种说法，您的观点是什么？"，第 4 题"您是否愿意采取一些行动（如捡拾水边垃圾等）来保护水生态环境？"，这 3 道题目的得分都超过 3.5 分，反映出受调查者的爱水情感，护水责任及尊重可持续发展的代际伦理情怀。反映水态度的第 3 题是"您是否了解我国当前存在并急需解决的水问题（如水资源短缺、水生态损害和水环境污染等）？"，第 8 题是"您是否愿意为节约用水而降低生活质量？"，第 21 题是"'谁用水谁付费，谁污染谁补偿'，对这种说法，您的观点是什么？"，这 3 道题目的得分比较接近，都在 2.9 分左右，说明有一部分受调查者不太了解我国目前存在很多会直接影响到生产生活的水问题，而是感觉水龙头里汩汩流出的自来水是源源不绝的。同时，一部分受调查者也不愿意为了节约用水而降低生活质量：这一方面反映了社会经济发展带来的消费观念的转变和公民对较高生活质量的追求；另一方面也说明我们的水价在一定程度上没有起到真正的调节作用。此外，一部分受调查者对水生态补偿原则持反对态度，主要有两个原因：一是不太了解水生态补偿原则的内涵；二是没有清楚区分水公正原则、水共享原则、水生态补偿原则之间的联系和区别。

与水知识、水态度相比，水行为整体得分偏低。除得分较高的第 11 题之外，得分超过 3 分的水行为题目还有 3 道，第 13 题"当发现前期用水量较大后，您是否采取一些行为减少用水量？"，得分为 3.56，对应的评价指标为水行为，说明绝大多数的受调查者在意识到用水量较大之后，会适当降低洗衣服、拖地的次数，或重视生活用水的再利用，从而减少用水量。第 2 题"您是否关注水资源保护、节约用水等公益宣传广告？"，得分为 3.33，反映出受调查者对电视、网络、公交站牌、报纸杂志上的水资源保护和节约用水等公益宣传广告的受关注度较高。第 12 题"家庭节水设备（如节水马桶、节水水龙头等），您家使用了几种？"，得分为 3.05，调查问卷中将这道题的答案设定如下：使用家庭节水设备 2 种以上得 4 分，1 种以上得 3 分，这道题目的得分说明，绝大多数家庭至少使用了 1 种节水设备，有一部分家庭使用了 2 种以上的节水设备。据了解，绝大多数的受调查者家庭都了解并使用了节水马桶，但很多受调查者不了解除节水马桶之外还有哪些节水设备，这是大多数受调查者在这道题目得 3 分的主要原因。而事实上，根据《CJ/T 164-2014 节水型生活用水器具》的节水设备标准，尤其是城镇家庭，大部分还使用了节水龙头和节水花洒，所以该项题目实际得分应当更高一些。

第 9 题是"您是否利用过淘米水洗菜或者浇花？"，第 15 题是"当发现身边的不文明水行为（如在水源地游泳）时，您会怎么做？"，这 2 道题目的得分均为 2.9 分左右，接近 3 分，反映出有相当一部分受调查者会使用一些简单可行的手段来反复利用生活用水。同时，与对待其他组织不同，受调查者在对待其他个人的不当水行为时，态度更为强烈，会主动举报或者劝说，甚至直接出面制止。

其余水行为对应题目如下：第 14 题是"当您生活中遭遇严重的水污染事件时，您会怎么做？"，得分为 2.78 分，反映出受调查者在面对已经严重影响到自己生活的水污染事件时，态度仍然不够强硬，调查结果显示受调查者主要采取的是劝说或者举报行为，甚至可能采取搬家等消极的解决途径，说明受调查者维权意识不强，不太愿意采用积极的方式解决问题；第 10 题是"您是否收集过洗衣机的脱水或手洗衣服时的漂洗水进行再利用？"，得分为 2.66 分，说明与利用淘米水来洗菜或浇花这样行为相比，受调查者不愿意采取比较麻烦的生活用水反复利用措施；第 6 题是"您是否接受过节水爱水护水宣传教育？"，第 16 题是"您是否参加过社区或学校组织的节水爱水护水活动？"二者的得分分别为 2.54 分和 2.25

分，这说明不管是主动参与宣传活动还是被动接受宣传教育，受调查者参加这类活动的频次都比较低，与受调查者个人用水行为的高分值相比，公民参与社会公益活动的积极性较低；第 17 题是"您是否了解水灾害（如山洪暴发、城市内涝和泥石流等）避险的技巧方法？"，得分为 2.44 分，由于北京市地处华北平原，是典型的北温带半湿润大陆性季风气候，较少遭遇水灾害，所以受调查者很少了解或关注过水灾害的避险知识和技巧。

6.2.2　北京市公民水素养整体评价

根据第 4 章运用层次分析法确定的各级指标权重，基于北京市公民水素养评价因子得分均值，对北京市公民水素养进行评价（表 6-2）。

表6-2　基于层次分析法的各级指标权重信息汇总

一级指标（权重）	二级指标（权重）	三级指标（权重）
水知识 S_1（0.091 4）	水科学基础知识 S_{11}（0.276 3）	水的物理与化学知识（0.037 0）
		水分布知识（0.435 0）
		水循环知识（0.053 5）
		水的商品属性相关知识（0.187 5）
		水与生命相关知识（0.287 0）
	水资源开发利用及管理知识 S_{12}（0.128 3）	水资源开发利用知识（0.2）
		水资源管理知识（0.8）
	水生态环境保护知识 S_{13}（0.596 4）	人类活动对水生态环境的影响（0.508 3）
		水环境容量知识（0.055 5）
		水污染知识（0.290 8）
		水生态环境行动策略的知识和技能（0.145 4）
水态度 S_2（0.217 6）	水情感 S_{21}（0.104 7）	水兴趣（0.333 3）
		水关注（0.666 7）
	水责任 S_{22}（0.637 0）	节水责任（0.666 7）
		护水责任（0.333 3）
	水伦理 S_{23}（0.258 3）	水伦理观（0.6）
		道德原则（0.4）
水行为 S_3（0.691 0）	水生态和水环境管理行为 S_{31}（0.120 1）	参与节水护水爱水的宣传行为（0.088 2）
		参与水生态环境保护的行为（0.156 9）
		主动学习节约用水技能的行为（0.271 7）
		主动学习水灾害避险的行为（0.483 2）

续表

一级指标（权重）	二级指标（权重）	三级指标（权重）
水行为 S_3 （0.691 0）	说服行为 S_{32}（0.062 1）	参与防范水污染事件的行为（0.833 3）
		参与公益环保组织的活动（0.166 7）
	消费行为 S_{33}（0.575 1）	生产生活废水再利用的行为（0.539 6）
		生活用水频率（0.297 0）
		节水设施的使用（0.163 4）
	法律行为 S_{34}（0.242 7）	个人遵守水相关法律法规（0.625 0）
		举报或监督水环境事件的行为（0.136 5）
		监督执法部门管理行为的有效性（0.238 5）

注：由于舍入修约，权重相加不为1

为了更有效地进行调查，受限于调查问卷的篇幅，调查问卷的题目并未一一对应三级指标，而是结合专家意见、已有文献及评价指标权重对题目进行筛选，选择出研究者更为关注的、与受调查者的生活更贴近的水知识问题，增加水行为调查问题数量的比重。三级指标相应问题分布情况如表 6-3 所示。

表6-3 三级指标相应问题分布情况

一级指标	二级指标	三级指标	对应题号
水知识 S_1	水科学基础知识 S_{11}	水的物理与化学知识	
		水分布知识	22
		水循环知识	
		水的商品属性相关知识	23
		水与生命相关知识	
	水资源开发利用及管理知识 S_{12}	水资源开发利用知识	
		水资源管理知识	24
	水生态环境保护知识 S_{13}	人类活动对水生态环境的影响	
		水环境容量知识	
		水污染知识	25
		水生态环境行动策略的知识和技能	
水态度 S_2	水情感 S_{21}	水兴趣	1
		水关注	3
	水责任 S_{22}	节水责任	7、8
		护水责任	4
	水伦理 S_{23}	水伦理观	20
		道德原则	21

一级指标	二级指标	三级指标	对应题号
水行为 S_3	水生态和水环境管理行为 S_{31}	参与节水护水爱水的宣传行为	16
		参与水生态环境保护的行为	2
		主动学习节约用水技能的行为	6
		主动学习水灾害避险的行为	17
	说服行为 S_{32}	参与防范水污染事件的行为	14
		参与公益环保组织的活动	5
	消费行为 S_{33}	生产生活废水再利用的行为	9、10
		生活用水频率	11、13
		节水设施的使用	12
	法律行为 S_{34}	个人遵守水相关法律法规	15
		举报或监督水环境事件的行为	18
		监督执法部门管理行为的有效性	19

由于水科学基础知识中只对水分布知识和水的商品属性相关知识进行了调查，所以水科学基础知识评价值 S_{11} 为相应的两道题目分数均值的加权平均数。先对两个因子的权重进行归一化处理，得到水分布知识的权重是 0.698 8，水的商品属性相关知识的权重是 0.301 2，即

$$S_{11}=水分布知识得分均值×权重+水商品属性相关知识得分均值×权重$$

即

$$3.25×0.698 8+2.94×0.301 2≈3.16$$

水资源开发利用及管理知识 S_{12} 和水生态环境保护知识 S_{13} 分别对应一道题目，因此，直接使用对应题目得分均值作为相应指标得分均值，继而得到

$$S_{12}=水资源开发利用及管理知识得分均值$$

即其值为 3.23。

$$S_{13}=水生态环境保护知识得分均值×权重$$

即其值为 3.33。

水知识评价值 S_1 是水科学基础知识 S_{11}、水资源开发利用及管理知识 S_{12} 及水生态环境保护知识 S_{13} 的加权平均数，得到

$$S_1 = S_{11}×权重+S_{12}×权重+S_{13}×权重$$

即

$$3.16×0.276 3+3.23×0.128 3+3.33×0.596 4≈3.27$$

水态度评价中，水情感评价值 S_{21} 是水兴趣和水关注得分的加权平均数，得到

$$S_{21}=水兴趣得分均值×权重+水关注得分均值×权重$$

即

$$3.56×0.333\ 3+2.98×0.666\ 7≈3.17$$

水责任评价值 S_{22} 是节水责任和护水责任的加权平均数，其中，节水责任对应第 7 题和第 8 题，则该节水责任得分为两道题目得分均值的算术平均数 3.41 $\left(即为\dfrac{3.85+2.97}{2}\right)$。

$$S_{22}=节水责任得分均值×权重+护水责任得分均值×权重$$

即

$$3.41×0.333\ 3+3.51×0.666\ 7≈3.48$$

水伦理评价值 S_{23} 是水伦理观和道德原则的加权平均数，得到

$$S_{23}=水伦理观得分均值×权重+道德原则得分均值×权重$$

即

$$3.53×0.6+2.89×0.4≈3.27$$

水态度评价值 S_2 是水科学基础知识 S_{21}、水资源开发利用及管理知识 S_{22} 及水生态环境保护知识 S_{23} 的加权平均数，得到

$$S_2 =S_{21}×权重+ S_{22}×权重+ S_{23}×权重$$

即

$$3.17×0.104\ 7+3.48×0.637\ 0+3.27×0.258\ 3=3.39$$

根据以上方法，得到的水生态和水环境管理行为评价值 S_{31} 为

$$S_{31}=2.25×0.088\ 2+3.33×0.156\ 9+2.54×0.271\ 7+2.44×0.483\ 2≈2.59$$

得到的说服行为评价值 S_{32} 为

$$S_{32}=2.78×0.833\ 3+1.77×0.166\ 7≈2.61$$

得到的消费行为评价值 S_{33} 为

$$S_{33}=2.81×0.539\ 6+3.65×0.297\ 0+3.05×0.163\ 4≈3.10$$

其中，消费行为中的生产生活废水再利用得分为第 9 题和第 10 题得分均值的算术平均数 2.81 $\left(即为\dfrac{2.96+2.66}{2}\right)$，生活用水频率得分为第 11 题和第 13 题得分均值的算术平均数 3.65 $\left(即为\dfrac{3.74+3.56}{2}\right)$。

得到的法律行为评价值 S_{34} 为

$$S_{34}=2.92×0.625\ 0+1.48×0.136\ 5+1.46×0.238\ 5≈2.38$$

水行为评价值 S_3 是水生态和水环境管理行为 S_{31}、说服行为 S_{32}、消费行为 S_{33}

及法律行为 S_{34} 的加权平均数，即

$$S_3 = 2.59 \times 0.120\ 1 + 2.61 \times 0.062\ 1 + 3.10 \times 0.575\ 1 + 2.38 \times 0.242\ 7 \approx 2.83$$

水素养评价值 S 是水知识 S_1、水态度 S_2 及水行为 S_3 的加权平均数，即

$$S = 3.27 \times 0.091\ 4 + 3.39 \times 0.217\ 6 + 2.83 \times 0.691\ 0 \approx 2.99$$

为更直观地表现各因子的得分情况，对各因子指标进行归一化处理，并折算为百分制，以北京市公民水素养评价值 S 为例，折算后的北京市公民水素养评价值 $S = \dfrac{2.99}{4} \times 100 = 74.75$，用同样的方法对各因子指标得分进行处理，得到表6-4。

表6-4　北京市公民水素养评价得分

S	评价值	S_i	评价值	S_{ij}	评价值
水素养	74.75	水知识	81.75	水科学基础知识	79.00
				水资源开发利用及管理知识	80.75
				水生态环境保护知识	83.25
		水态度	84.25	水情感	79.25
				水责任	86.00
				水伦理	81.75
		水行为	70.75	水生态和水环境管理行为	64.75
				说服行为	65.25
				消费行为	77.50
				法律行为	59.50

北京市公民水素养评价值为 74.75，其中，水知识得分为 81.75，水态度得分为 84.25，水行为得分为 70.75，反映出受调查者相对具有更积极、更负责任的水态度，对水知识也有一定程度的了解，但在实施具体水行为时，缺乏相应的实际行动力。

在水知识的各项得分中，节水护水爱水宣传内容多侧重于水生态环境保护知识，使得公民环境素养的提升，从而，受调查者水生态环境保护知识得分较高，而对水的基础科学知识，尤其是对水价缺乏正确观念，只了解水资源的自然属性，却忽视了水资源的商品属性，既不了解水从哪里来，如何通过自来水管流入家庭，也不了解水在净化处理为饮用水的过程中需要生产设备、生产工人及原料的成本投入。

在水态度的各项得分中，水责任得分较高，说明受调查者非常清楚水资源对生产生活、社会发展乃至人类生存的重要意义，能够自觉承担节水护水责任；同时，受调查者普遍拥有正确的水伦理观，也具有亲水爱水的水情感；以及伴随社

会经济的发展，社会公众也越来越重视水资源的可持续利用。这些都得益于我国持续多年的水知识宣传科普教育及节水护水爱水的社会风尚，也就是说，公民从不同渠道所了解的水知识对公民水态度产生积极影响，会增加公民对水问题的关注度，增强公民的节水、护水责任感，使公民具有正确的水伦理观和道德原则。

水行为是水素养最重要的指征表现，在水素养评价中所占权重最高。在水生态和水环境管理行为、说服行为、消费行为及法律行为中，受调查者能够积极主动地实施个人节水行为，如对生活废水的再利用、购买并使用节水器具，既降低了个人的水费支出，也达到了节约用水的目的。但在参与各类水保护活动，或者面对其他个人或组织的不当水行为时，受调查者态度比较消极，较少通过适当的手段或途径去说服他人或组织。这一方面是由于每个人都有自我保护的意识，担心自己的行为会带来不必要的麻烦；另一方面也说明公民的护水责任感不足，没有正确认识到他人或组织的不当水行为给自身及后代带来的危害。同时，无论是面对其他个人或组织的不当水行为，还是面对执法部门的无效或低效的管理行为，受调查者都很少会采取法律手段进行维权，保护自己的用水权益不受侵害，保护水资源不受污染或是浪费。法律行为缺乏的原因在于公民法律意识的缺乏，以及水相关法律法规宣传力度不足。

6.2.3　基于受调查者特征的北京市公民水素养评价

基于受调查者的个人基本特征，分群体进行公民水素养评价及对比，从而更深入地了解公民水素养情况。使用上文的统计分析方法，结合问卷对个人基本情况的调查，分群体进行公民水素养各因子得分情况的统计分析，具体方法及测算过程不再赘述，同时，为更直观地体现公民水素养各因子的得分情况，后续的分值直接以百分制表示，不再一一说明。

1. 性别特征

从表 6-5 可以看出，男性水素养得分略高于女性水素养得分，但差异并不明显，可以认为性别并未对公民水素养产生显著影响。

表6-5　基于性别特征的北京市公民水素养总评价得分

性别	水素养	水知识	水态度	水行为
男	74.96	81.55	83.72	71.33
女	74.48	81.89	84.77	70.26

女性水知识得分略高于男性，但男性更了解水科学基础知识、水资源开发利用及管理知识，主要是因为男性对自然科学、工程建设、国家宏观情况等知识更感兴趣，了解更加深入；而女性情感细腻，更关注与生活相贴近的水生态环境保护知识（表6-6）。

表6-6　基于性别特征的北京市公民水知识评价得分

性别	水科学基础知识	水资源开发利用及管理知识	水生态环境保护知识
男	78.97	80.68	82.79
女	78.85	80.62	83.43

女性水态度得分明显高于男性，尤其在水责任和水伦理方面，女性得分都显著高于男性（表6-7），说明女性非常清楚保护水资源及水生态环境对自身及后代产生的直接或间接影响，所以女性有更强烈的节水责任和护水责任，并能够正确地理解水伦理观。而男性对国家宏观情况的关注，使他们对目前存在的水问题比较关注和了解。

表6-7　基于性别特征的北京市公民水态度评价得分

性别	水情感	水责任	水伦理
男	79.76	85.39	81.20
女	78.85	86.69	82.46

与水知识、水态度不同，男性水行为得分显著高于女性，说明男性具有更强的水行为实施能力，同时，男性更乐于参与水保护活动、学习水知识及避灾知识、干预他人或组织的不当水行为以及使用法律对违法水行为进行维权等，这是受到男性与女性性格差异的影响。但女性在消费行为上得分略高于男性，主要是由女性在家庭生活中的主导作用所决定的，她们更关注水费的支出，更注意积累节约用水的技巧，因而在日常生活中，常常比男性的消费行为更合理（表6-8）。

表6-8　基于性别特征的北京市公民水行为评价得分

性别	水生态和水环境管理行为	说服行为	消费行为	法律行为
男	65.59	66.94	77.26	60.74
女	63.11	63.83	77.56	58.16

2. 年龄特征

从不同的年龄群体来看，水素养得分最高的是36~45岁人群，得分最低的是18~35岁人群，其他年龄层次人群得分非常接近（表6-9）。

表6-9　基于年龄特征的北京市公民水素养评价得分

年龄	水素养	水知识	水态度	水行为
6~17 岁	75.87	79.51	83.53	72.97
18~35 岁	73.80	83.43	84.38	69.19
36~45 岁	76.20	82.84	83.93	72.89
46~59 岁	75.48	79.82	85.22	71.84
60 岁以上	75.75	73.27	83.01	73.77

18~35 岁群体在水知识方面得分最高，尤其对水科学基础知识理解更深入更科学，而 60 岁以上人群则在水知识方面得分最低。年轻人获取知识的途径更多、更便捷，知识积累更充分，而老年人恰好相反，他们所掌握的水知识往往比较少且相对陈旧，所以这个群体在水知识的各个方面都得到最低分。6~17 岁人群对水资源开发利用及管理知识更为了解，他们正处于中小学基础教育阶段，在课本中学习到更多的水知识。36~45 岁人群对水生态环境保护知识的理解更充分，这个群体"上有老下有小"，他们的环保意识更强，尤其关注水生态环境对老人、小孩身体的影响（表 6-10）。

表6-10　基于年龄特征的北京市公民水知识评价得分

年龄	水科学基础知识	水资源开发利用及管理知识	水生态环境保护知识
6~17 岁	75.23	86.90	79.76
18~35 岁	81.28	84.13	84.13
36~45 岁	76.34	81.50	86.00
46~59 岁	78.27	73.44	81.77
60 岁以上	71.73	63.46	75.96

46~59 岁人群的水态度得分最高，同时在水态度的水情感和水伦理方面都得到最高分，这类人群有知识和阅历的积累，能够更客观正确地认识水伦理，关注水问题，强烈的社会责任感使他们拥有强烈的节水护水责任感。60 岁以上人群的水态度得分最低，在水情感、水伦理方面得到最低分，这既是知识陈旧的表现，也是老年人群体社会责任感不强的表现。18~35 岁人群的水责任得分最高，说明年轻人对自己有较高的社会责任要求，节水护水责任感强烈。6~17 岁人群的水责任得分最低，他们主要是在校中小学生，由于年龄较小，与其他人群相比责任感必然不够明确和强烈（表 6-11）。

表6-11　基于年龄特征的北京市公民水态度评价得分

年龄	水情感	水责任	水伦理
6~17 岁	80.16	85.32	80.48
18~35 岁	78.18	86.42	81.85
36~45 岁	81.33	85.50	81.10
46~59 岁	82.46	85.94	84.58
60 岁以上	76.28	85.58	79.42

60 岁以上人群的水行为得分最高,在水行为的多个方面都得到最高分,这也是老年人群体的特征,他们喜欢教育别人,用不同的手段对别人的不当水行为进行干预,甚至采用法律手段进行维权,这也是老年人时间充裕不怕麻烦的表现。46~59岁人群的消费行为得分最高,是因为这类群体一方面家庭用水需求较多,另一方面又比较关注水费支出,所以比较注意在日常生活中节约用水,消费行为更合理。60岁以上的老年人在消费行为方面的得分并不高,主要是他们的用水需求比较简单,用水量一贯较少,并且可能不舍得选择价格更贵的家庭节水设施(表 6-12)。

表6-12　基于年龄特征的北京市公民水行为评价得分

年龄	水生态和水环境管理行为	说服行为	消费行为	法律行为
6~17 岁	66.27	67.26	80.00	61.11
18~35 岁	64.82	63.53	75.69	57.40
36~45 岁	61.42	65.08	80.53	62.48
46~59 岁	66.33	65.36	78.93	59.43
60 岁以上	66.73	76.28	78.39	65.66

3. 学历特征

从学历与水素养得分的情况来看,并不是学历越高水素养越高,硕士及以上学历以上人群水素养得分反而最低,尽管这类人群在水知识、水态度问题上都得到最高分,但水行为得分最低,导致该群体水素养得分最低。高学历人群掌握更多的水知识,也有强烈的社会责任感,但在实际行动方面却滞后,他们在全部水行为方面都得到最低分,说明他们很少参加公益环保活动,也不太主动去劝说他人或者运用法律维权。一方面是高学历人群的社会参与度较低;另一方面是高学历人群往往更容易"明哲保身"(表 6-13)。

表6-13　基于学历特征的北京市公民水素养评价得分

学历	水素养	水知识	水态度	水行为
小学及以下	75.21	78.07	84.71	71.84

续表

学历	水素养	水知识	水态度	水行为
初中	77.68	75.15	85.08	75.68
高中	76.86	75.01	84.29	74.77
本科	73.92	83.92	83.53	69.57
硕士及以上	73.36	85.71	85.47	67.91

水素养得分最高的是初中学历群体，这类主体中有一部分是中学生，他们从心理上更希望得到父母和老师的认可；有一部分是老人，他们更关注水生态环境问题。尽管这个群体水知识得分不高，但水态度得分较高，而水行为得分最高，他们很积极地参与各类社会宣传活动，会对不当的水行为进行劝说或举报，在日常生活中注意节约用水，甚至还积极的使用法律来保护水资源，这类群体在行动上更直接更主动，有非常强烈的社会责任感。

另外，学历为小学及以下的群体主要是小学生，他们在水知识和水态度方面的得分都比较高，反映出北京市基础教育阶段的水情教育工作质量高、效果好（表6-14~表6-16）。

表6-14 基于学历特征的北京市公民水知识评价得分

学历	水科学基础知识	水资源开发利用及管理知识	水生态环境保护知识
小学及以下	75.00	76.56	79.69
初中	70.31	62.86	80.00
高中	70.41	77.08	76.56
本科	81.71	83.60	84.87
硕士及以上	83.95	86.57	86.19

表6-15 基于学历特征的北京市公民水态度评价得分

学历	水情感	水责任	水伦理
小学及以下	73.44	85.94	86.25
初中	76.90	89.52	77.43
高中	80.73	86.11	81.25
本科	79.46	84.93	81.72
硕士及以上	80.47	86.94	83.88

表6-16 基于学历特征的北京市公民水行为评价得分

学历	水生态和水环境管理行为	说服行为	消费行为	法律行为
小学及以下	62.52	66.67	81.74	54.31

续表

学历	水生态和水环境管理行为	说服行为	消费行为	法律行为
初中	69.61	71.55	81.59	65.76
高中	67.08	67.45	82.35	62.48
本科	64.02	64.70	75.50	59.50
硕士及以上	62.87	61.63	75.17	54.82

4. 身份特征

从身份情况来看，由于其他身份样本量较少，得分不具有代表性，我们在评价时不予考虑。除此之外，得分最高的是国家公务人员（含军人、警察），这类人群在水态度、水行为方面也得到最高分，水知识得分也不算低。这类人群身份特殊，有比较强的职业认同感，会自觉要求有更正确的水态度，积极参与各类活动，在面对不当的水行为时，他们也能够主动地制止或劝说，也会积极地使用法律手段保护水资源。

其他群体得分比较接近，其中水素养得分最低的人群是学生，主要是因为水行为得分较低，学生的身份决定了他们不具有充分的客观条件去说服他人或者通过法律维权，但是这个群体的水知识得分最高，水态度得分也较高，再次印证北京市水情教育工作成效明显（表6-17~表6-20）。

表6-17　基于身份特征的北京市公民水素养评价得分

身份	水素养	水知识	水态度	水行为
国家公务人员	78.49	82.36	88.03	74.97
公用事业单位人员	73.39	80.79	83.58	69.20
企业人员	74.86	82.34	84.18	70.94
务农人员	74.24	78.56	85.62	70.08
学生	73.25	84.02	86.64	68.56
自由职业者	74.76	81.68	83.94	70.96
其他	79.58	73.44	84.06	78.99

表6-18　基于身份特征的北京市公民水知识评价得分

身份	水科学基础知识	水资源开发利用及管理知识	水生态环境保护知识
国家公务人员	78.40	87.50	82.95
公用事业单位人员	81.16	78.92	80.88
企业人员	77.47	82.28	84.47
务农人员	80.14	65.28	80.56

续表

身份	水科学基础知识	水资源开发利用及管理知识	水生态环境保护知识
学生	81.62	86.27	84.51
自由职业者	75.76	75.00	85.71
其他	76.54	73.44	71.88

表6-19　基于身份特征的北京市公民水态度评价得分

身份	水情感	水责任	水伦理
国家公务人员	80.68	91.67	82.05
公用事业单位人员	79.90	84.64	82.45
企业人员	80.34	86.33	80.44
务农人员	73.61	87.96	84.72
学生	78.05	84.74	83.17
自由职业者	76.59	86.31	81.07
其他	87.50	84.37	81.89

表6-20　基于身份特征的北京市公民水行为评价得分

身份	水生态和水环境管理行为	说服行为	消费行为	法律行为
国家公务人员	70.73	78.03	78.28	68.44
公用事业单位人员	62.48	64.71	75.40	58.99
企业人员	63.56	66.22	78.52	57.86
务农人员	60.64	56.25	78.88	57.42
学生	65.62	60.56	74.1	58.93
自由职业者	65.33	62.50	78.75	57.46
其他	71.06	82.55	85.13	67.44

5. 居住地特征

城镇和农村居民的水素养得分几乎不相上下，城镇居民的水知识明显高于农村居民，这主要因为城镇居民获取水知识渠道更加多样，也更关注这些问题，而农村居民相对不太关注，获得信息的渠道比较少。农村居民的水行为得分略高于城镇居民，这与他们的居住环境情况和生活习惯有关。农村居民邻里之间沾亲带故关系熟稔，对他人的不当水行为进行劝说或制止比较常见，同时，水价对农村居民用水量约束比较明显，农村居民的消费行为优于城镇居民，但很明显，农村居民的法律维权意识和行为都比不上城镇居民。农村居民不太关注水问题，更多地将水视为生活资源，缺少亲水情感，但节水意识、护水意识强烈，他们能够直接感受到水对生产生活的影响，理解水可持续发展的重要性，因而水伦理得分也高于城镇居民（表 6-21~表 6-24）。

表6-21　基于居住地特征的北京市公民水素养评价得分

居住地	水素养	水知识	水态度	水行为
城镇	72.26	79.11	72.85	71.17
农村	72.30	75.30	72.12	71.96

表6-22　基于居住地特征的北京市公民水知识评价得分

居住地	水科学基础知识	水资源开发利用及管理知识	水生态环境保护知识
城镇	74.25	74.70	82.17
农村	77.47	69.79	75.35

表6-23　基于居住地特征的北京市公民水态度评价得分

居住地	水情感	水责任	水伦理
城镇	79.68	78.15	56.99
农村	73.61	77.78	57.57

表6-24　基于居住地特征的北京市公民水行为评价得分

居住地	水生态和水环境管理行为	说服行为	消费行为	法律行为
城镇	59.82	88.28	76.00	60.97
农村	56.83	90.34	78.08	59.26

6. 家庭收入特征

从家庭收入情况来看，家庭收入最低人群的水素养得分最高，结合居住地特征的分析来看，这类人群中的大多数应该居住在农村，他们的水知识得分最低，但在水行为方面得分很高，水资源是宝贵的生活必需品，他们没有丰富的水情感，但有强烈的水责任和主动的水行为。

家庭收入 20 万元以上的人群，各项得分居中，对他们来说，水价已不是个人消费行为的约束，更多的是正确的水态度对水行为的影响和制约。

水素养得分最低的是家庭收入在 12 万~20 万元的人群，他们的水态度得分也较低，水行为得分也不高，因而整体得分最低。这类人群生活用水需求量较大，也不在乎水价的约束，更注重追求生活质量，没有强烈的水责任感（表 6-25~表 6-28）。

表6-25　基于家庭收入特征的北京市公民水素养评价得分

收入	水素养	水知识	水态度	水行为
3 万元以下	76.51	75.82	84.40	73.48
3 万~8 万元	75.08	81.51	84.01	71.13

收入	水素养	水知识	水态度	水行为
8 万~12 万元	74.30	85.24	85.24	69.41
12 万~20 万元	73.10	82.22	82.37	69.97
20 万元以上	74.51	84.54	83.37	70.39

表6-26　基于家庭收入特征的北京市公民水知识评价得分

收入	水科学基础知识	水资源开发利用及管理知识	水生态环境保护知识
3 万元以下	75.55	72.22	76.59
3 万~8 万元	79.38	76.58	83.42
8 万~12 万元	80.28	86.43	87.14
12 万~20 万元	77.49	85.10	83.65
20 万元以上	82.26	87.21	84.88

表6-27　基于家庭收入特征的北京市公民水态度评价得分

收入	水情感	水责任	水伦理
3 万元以下	77.91	88.10	77.94
3 万~8 万元	78.51	86.93	82.53
8 万~12 万元	80.95	86.31	84.36
12 万~20 万元	79.65	82.53	83.08
20 万元以上	79.84	85.08	80.58

表6-28　基于家庭收入特征的北京市公民水行为评价得分

收入	水生态和水环境管理行为	说服行为	消费行为	法律行为
3 万元以下	67.63	68.98	79.04	64.36
3 万~8 万元	64.83	65.00	77.57	60.56
8 万~12 万元	62.70	63.87	76.82	56.58
12 万~20 万元	64.78	62.98	75.68	67.67
20 万元以上	63.80	65.79	77.74	57.41

6.3　郑州市公民水素养评价

6.3.1　郑州市公民水素养评价得分情况

采用前述方法，对郑州市公民水素养问卷调查结果进行统计分析，得到各评价因子得分的均值。郑州市公民水素养评价得分情况如表 6-29 所示。

表6-29 郑州市公民水素养评价得分情况

一级指标	二级指标	题号	观测点摘要	得分
水知识	水科学基础知识	22	水资源分布现状	3.31
		23	受调查者对水价的观点	3.11
	水资源开发利用及管理知识	24	水资源管理行政手段	3.11
	水生态环境保护知识	25	造成水污染的活动	3.24
水态度	水情感	1	受调查者是否喜欢水风景区	3.50
		3	受调查者是否了解目前的水问题	2.85
	水责任	7	受调查者是否愿意节约用水	3.82
		8	受调查者是否愿意为节约用水而降低生活质量	3.04
		4	受调查者是否愿意采取行动保护水生态环境	3.51
	水伦理	20	受调查者是否赞同把解决水问题的责任推给后代	3.50
		21	受调查者是否赞同水生态补偿的原则	2.85
水行为	水生态和水环境管理行为	16	受调查者主动参与水宣传活动的行为	2.15
		2	受调查者关注护水宣传广告的行为	2.32
		6	受调查者接受水知识宣传的经历	2.33
		17	受调查者学习避险知识的经历	2.36
	说服行为	14	受调查者参与制止水污染事件的行为	2.95
		5	受调查者参与公益环保组织开展活动的经历	1.90
	消费行为	9	受调查者的生活废水回收利用行为	2.90
		10	受调查者的生活废水回收利用行为	2.51
		11	受调查者生活用水习惯	3.64
		13	受调查者生活用水频率	3.44
		12	受调查者家庭节水设备的使用情况	3.00
	法律行为	15	受调查者举报他人不当水行为的情况	3.05
		18	受调查者举报企业不当水行为的情况	1.98
		19	受调查者举报行政监督执法部门不当监管行为的情况	1.86

从郑州市公民水素养评价因子得分情况来看，得分最高的题目是第 7 题 "您是否愿意节约用水？"，得分为 3.82 分，接近最高分 4 分，其对应的评价指标为水态度，说明大多数受调查者有非常明确的节水意识和强烈的节水责任。而得分处于第 2 位的是第 11 题 "洗漱时，您是否会随时关闭水龙头？"，得分为 3.64 分，对应的评价指标为水行为，反映受调查者在日常生活中良好的用水消费习惯。得

分最低的题目是第 19 题"当发现水行政监督执法部门监管不到位时，您举报过吗？"，得分为 1.86 分，反映相当数量的受调查者没有采取过法律手段保护水资源。相类似的第 5 题"您是否监督过企业（或个人）的排污行为？"，得分为 1.90 分，以及第 18 题"当发现有企业直接排放未经处理的污水，您举报过吗？"，得分为 1.98 分，分别位居倒数第 2 位和倒数第 3 位，说明受调查者消极对待他人或组织的不当水行为，没有采取主动行为去干预他人或组织的不当行为。这几道题目的得分情况与北京市的情况类似。

水知识所对应的问题有 4 题，得分相近，都超过 3.1 分，说明对水知识的了解程度较高，反映了郑州市水知识普及宣传活动开展较多，水情教育工作效果较好。

与北京市相类似，郑州市公民水态度整体得分相对较高，除得到最高分的第 7 题之外，得分比较接近的第 4 题"您是否愿意采取一些行动（如捡拾水边垃圾等）来保护水生态环境？"，第 20 题"'我们当代人不需要考虑缺水和水污染问题，后代人会有办法去解决'，对这种说法，您的观点是什么？"，第 1 题"您是否喜欢与水有关的名胜古迹或风景区（如都江堰、三峡大坝和千岛湖等）？"，三者的得分在 3.5 分左右，反映出受调查者的爱水情感、护水责任及尊重可持续发展的代际伦理情怀。此外，第 8 题"您是否愿意为节约用水而降低生活质量？"，第 3 题"您是否了解我国当前存在并急需解决的水问题（如水资源短缺、水生态损害和水环境污染等）？"，第 21 题"'谁用水谁付费，谁污染谁补偿'，对这种说法，您的观点是什么？"，这 3 道题目的得分均在 3 分左右，说明大多数受调查者愿意为节约用水而降低生活质量，但不太关注水问题，并且没有正确认识水公正原则。

郑州市公民水行为整体得分也相对偏低。除得分较高的第 11 题之外，第 13 题"当发现前期用水量较大后，您是否采取一些行为减少用水量？"，得分为 3.44 分，对应的评价指标为水行为，反映出绝大多数的受调查者在发现用水量较大之后，会适当减少用水量；第 2 题"您是否关注水资源保护、节约用水等公益宣传广告？"，得分为 2.32 分，反映出受调查者对水资源保护、节约用水等公益宣传广告的关注度较高。

第 9 题"您是否利用过淘米水洗菜或者浇花？"，第 15 题"当发现身边的不文明水行为（如在水源地游泳）时，您会怎么做？"，第 12 题"家庭节水设备（如节水马桶、节水水龙头等），您家使用了几种？"，第 14 题"当您生活中遭遇严重的水污染事件时，您会怎么做？"，得分均在 3 分左右，说明大部分的受调查者会主动对生活用水进行再利用，会使用节水器具，当面对其他个人的不当水行为或自己的生活遭遇水污染时，能够积极维权，做到主动劝说甚至直接制止。

第 10 题"您是否收集过洗衣机的脱水或手洗衣服时的漂洗水进行再利用？"，得分为 2.51 分，说明与利用淘米水来洗菜或浇花这样行为相比，受调查者不愿意采取比较麻烦的生活废水再利用措施；第 17 题"您是否了解水灾害（如山洪暴发、城市内涝和泥石流等）避险的技巧方法？"，得分为 2.36 分，郑州市属于平原地区，除城市内涝之外较少遭遇其他水灾害，很少有受调查者学习过水灾害的避险知识和技巧；第 6 题"您是否接受过节水爱水护水宣传教育？"，第 16 题"您是否参加过社区或学校组织的节水爱水护水活动？"，二者的得分分别为 2.33 分和 2.15 分，也就是说，受调查者被动接受宣传教育的经历更多，而主动参与宣传活动则较少，说明公民参与社会公益活动的积极性较低。

6.3.2　郑州市公民水素养整体评价

运用前述方法，对郑州市公民水素养进行评价，得到表 6-30。

表6-30　郑州市公民水素养评价得分

S	评价值	S_i	评价值	S_{ij}	评价值
水素养	74.61	水知识	80.79	水科学基础知识	81.26
				水资源开发利用及管理知识	77.64
				水生态环境保护知识	81.11
		水态度	84.02	水情感	76.65
				水责任	86.44
				水伦理	81.02
		水行为	70.84	水生态和水环境管理行为	62.14
				说服行为	69.33
				消费行为	75.08
				法律行为	65.47

郑州市公民水素养评价值为 74.61，其中，水知识得分为 80.79，水态度得分为 84.02，水行为得分为 70.84，说明受调查者的水态度更积极主动，水知识掌握程度较好，但实际行动力不足。

在水知识的各项得分中，受调查者对与生活贴近的水知识更为了解，而不太熟悉水资源管理行政手段。这反映出郑州市水情教育更侧重宣传普及生活用水相关知识。同时，受调查者对节水责任和护水责任认知度较高，并在消费行为中表现出来，能够在日常生活中做到积极节水。郑州市位于黄河岸边，历史上黄河曾多次决口泛滥，同时黄河水泥沙含量较高，这些都对郑州市公民的水伦理观产生了潜移默化的作用，所以水伦理得分较高。与法律手段相比，受调查者在更倾向于采用温和的说服手段去应对他人或组织的不当行为，从而更好地保护水资源。但受调查者不太主动参与各类宣传科普活动，社会活动参与度较低，所以水行为得分较低。

6.3.3　基于受调查者特征的郑州市公民水素养评价

使用上文所述方法，分群体进行公民水素养各因子得分情况的统计分析。

1. 性别特征

就性别而言，女性水素养得分略高于男性水素养得分，但差异并不明显。女性在水知识、水态度和水行为方面的得分都在不同程度高于男性。即使在具体的水知识方面，男性得分也更低。女性的水态度也略优于男性，在水情感和水责任方面，女性分值更高，但是水伦理方面男性得分略高，但相差不大。男性的优势主要反映在水生态和水环境管理行为及消费行为方面，男性的社会参与度更高，能够积极参加各类环保宣传活动或主动学习各类水知识，个人用水方面的节水意识较高。有趣的是，女性的法律行为得分明显高于男性，这与女性的水知识得分更高有关，他们更清楚相关法律法规，知道如何运用法律维权，同时女性更擅长沟通交流，她们在说服行为上的得分也高于男性（表 6-31~表 6-34）。

表6-31　基于性别特征的郑州市公民水素养评价得分

性别	水素养	水知识	水态度	水行为
男	74.41	79.63	83.69	70.80
女	74.83	82.03	84.36	70.87

表6-32　基于性别特征的郑州市公民水知识评价得分

性别	水科学基础知识	水资源开发利用及管理知识	水生态环境保护知识
男	81.25	76.27	79.46
女	81.28	79.11	82.88

表6-33　基于性别特征的郑州市公民水态度评价得分

性别	水情感	水责任	水伦理
男	76.59	85.83	81.31
女	76.71	87.10	80.72

表6-34　基于性别特征的郑州市公民水行为评价得分

性别	水生态和水环境管理行为	说服行为	消费行为	法律行为
男	64.35	66.69	75.65	64.05
女	60.84	72.17	74.46	67.00

2. 年龄特征

从不同的年龄群体来看，水素养得分最高的是 36~45 岁人群，得分最低的是 46~59 岁人群。36~45 岁人群在水知识、水态度及水行为方面的得分都比较高，其中很大的原因在于这个群体多为人父母，他们更注重在孩子面前的表率作用，因而更加关注水知识，有正确的水态度，并以积极的态度采取正面的水行为。与其他人群不同，60 岁以上人群水知识得分过低，仅有 60 多分，主要因为他们获取知识的渠道有限，知识相对陈旧。但是，这个群体的法律行为得分达到 84 分之多，说明受调查者中的老年人有很强的法律意识，能够运用法律手段进行维权，既保护了自己的权益不受损害，也保护了水资源的安全（表 6-35~表 6-38）。

表6-35　基于年龄特征的郑州市公民水素养评价得分

年龄	水素养	水知识	水态度	水行为
6~17 岁	72.19	76.98	82.86	68.20
18~35 岁	74.62	82.47	83.51	70.78
36~45 岁	76.55	80.63	85.35	73.24
46~59 岁	72.03	79.01	85.15	67.30
60 岁以上	73.78	68.61	84.42	71.11

表6-36　基于年龄特征的郑州市公民水知识评价得分

年龄	水科学基础知识	水资源开发利用及管理知识	水生态环境保护知识
6~17 岁	76.13	70.00	78.75
18~35 岁	81.98	81.93	82.68
36~45 岁	83.00	73.97	80.82
46~59 岁	80.15	73.48	79.55
60 岁以上	71.60	63.64	68.18

表6-37　基于年龄特征的郑州市公民水态度评价得分

年龄	水情感	水责任	水伦理
6~17 岁	80.00	84.58	79.75
18~35 岁	74.65	85.99	80.99
36~45 岁	78.54	88.81	79.59
46~59 岁	80.56	84.09	85.76
60 岁以上	76.51	87.88	79.09

表6-38　基于年龄特征的郑州市公民水行为评价得分

年龄	水生态和水环境管理行为	说服行为	消费行为	法律行为
6~17 岁	63.25	72.29	69.89	65.61
18~35 岁	61.87	66.89	76.06	63.68
36~45 岁	63.05	71.97	78.41	66.35
46~59 岁	61.35	74.62	68.19	66.25
60 岁以上	60.51	67.42	68.22	84.14

3. 学历特征

在郑州市的受调查者中，也没有发现学历与水素养的必然联系。以小学生和务农人员为主要组成的小学及以下人群得分最低，主要原因在于他们的水知识得分和水行为得分较低；但是他们的水态度得分较高，尤其在水责任方面，体现出强烈的节水护水责任感。水素养得分最高的是高中，这类人群在水行为方面的得分最高，尤其是消费行为与水生态和水环境管理行为方面（表 6-39 和表 6-42）。

表6-39　基于学历特征的郑州市公民水素养评价得分

学历	水素养	水知识	水态度	水行为
小学及以下	71.55	61.40	84.56	68.80
初中	72.87	67.01	83.05	70.44
高中	77.05	79.29	83.94	74.58
本科	75.32	87.60	84.72	70.73
硕士及以上	74.18	90.64	83.52	69.06

从郑州的受调查者，学历差异带来的水知识得分差距比较明显，硕士及以上人群得分显著高于其他群体，其原因之一应当是高学历的受调查者主要来自华北水利水电大学，水电特色鲜明，所以受调查者在水知识方面得分很高。但是，与水知识、水态度的高分不匹配的是，高学历人群的水行为得分较低，甚至在法律行为方面的得分不足 60 分，说明工科背景的受调查者对法律不熟悉，不太善于运用法律维权（表 6-40~表 6-42）。

表6-40　基于学历特征的郑州市公民水知识评价得分

学历	水科学基础知识	水资源开发利用及管理知识	水生态环境保护知识
小学及以下	65.63	52.50	61.25
初中	73.12	59.77	65.63
高中	81.00	77.66	78.72
本科	84.48	85.68	89.32
硕士及以上	89.81	90.45	90.91

表6-41　基于学历特征的郑州市公民水态度评价得分

学历	水情感	水责任	水伦理
小学及以下	68.33	89.58	78.75
初中	72.79	87.24	76.88
高中	76.06	86.88	79.89
本科	78.99	86.18	83.42
硕士及以上	79.70	84.55	82.55

表6-42　基于学历特征的郑州市公民水行为评价得分

学历	水生态和水环境管理行为	说服行为	消费行为	法律行为
小学及以下	59.26	70.67	69.69	69.40
初中	60.63	72.53	70.57	74.45
高中	62.99	67.73	80.07	69.07
本科	62.09	68.73	76.56	61.72
硕士及以上	64.31	65.61	74.88	58.50

4. 身份特征

从身份情况来看，除务农人员和学生之外，其余人群水素养得分非常接近。由于其他身份样本量较少，得分不具有代表性，我们在评价时不予考虑。企业人员在水行为方面得分最高，因而水素养分数最高。国家公务人员、公用事业人员得分十分接近最高分。这说明在郑州市的调查中，身份或职业对公民水素养得分影响不大。务农人员因为缺乏足够的水知识，所以水行为消极从而水素养得分较低，学生因为受到客观条件影响，水行为得分也较低（表 6-43~表 6-46）。

表6-43　基于身份特征的郑州市公民水素养评价得分

身份	水素养	水知识	水态度	水行为
国家公务人员	75.31	85.76	85.99	70.57
公用事业单位人员	75.35	88.12	84.18	70.88
企业人员	76.63	86.95	85.33	72.52
务农人员	70.11	63.32	82.18	67.21
学生	71.83	81.39	81.61	67.48
自由职业者	75.30	74.84	84.26	72.54
其他	76.95	80.28	83.53	74.44

表6-44　基于身份特征的郑州市公民水知识评价得分

身份	水科学基础知识	水资源开发利用及管理知识	水生态环境保护知识
国家公务人员	89.67	85.48	83.87
公用事业单位人员	84.04	85.49	90.43
企业人员	86.03	86.79	87.26
务农人员	71.69	54.79	61.17
学生	80.11	72.83	83.70
自由职业者	76.21	73.26	74.42
其他	79.49	78.00	81.00

表6-45　基于身份特征的郑州市公民水态度评价得分

身份	水情感	水责任	水伦理
国家公务人员	81.18	87.63	83.87
公用事业单位人员	80.45	85.91	81.42
企业人员	79.56	86.95	83.68
务农人员	70.92	85.99	77.34
学生	78.26	83.00	77.83
自由职业者	69.77	87.98	80.93
其他	73.67	86.33	80.60

表6-46　基于身份特征的郑州市公民水行为评价得分

身份	水生态和水环境管理行为	说服行为	消费行为	法律行为
国家公务人员	65.40	70.03	73.82	65.54
公用事业单位人员	63.40	70.11	76.66	61.08
企业人员	63.29	61.71	79.48	63.37
务农人员	58.22	70.30	65.95	73.83
学生	61.74	70.11	71.66	59.76
自由职业者	57.42	71.80	77.45	68.58
其他	67.39	75.33	78.43	68.26

5. 居住地特征

郑州市的城镇和农村居民水素养得分差异明显，城镇居民水素养得分更高，而且在水知识、水态度及水行为三个方面都优于农村居民。尤其是水知识得分，城镇居民明显高出农村居民，这也反映出城乡文化科技基础条件差别较大。而这种水知识的差距也导致了农村居民水态度、水行为的低分值（表6-47~表6-50）。

表6-47 基于居住地特征的郑州市公民水素养评价得分

居住地	水素养	水知识	水态度	水行为
城镇	75.47	86.17	84.34	71.26
农村	73.21	71.98	83.49	70.14

表6-48 基于居住地特征的郑州市公民水知识评价得分

居住地	水科学基础知识	水资源开发利用及管理知识	水生态环境保护知识
城镇	84.16	85.51	87.10
农村	76.53	64.78	71.30

表6-49 基于居住地特征的郑州市公民水态度评价得分

居住地	水情感	水责任	水伦理
城镇	79.03	86.08	82.18
农村	72.75	87.03	79.13

表6-50 基于居住地特征的郑州市公民水行为评价得分

居住地	水生态和水环境管理行为	说服行为	消费行为	法律行为
城镇	63.43	69.41	76.86	62.35
农村	60.02	69.20	72.17	70.58

6. 收入特征

从家庭收入情况来看，家庭收入为 12 万~20 万元群体的水素养分值最高，除了水知识之外，这个群体在水态度、水行为方面都得到很高的分数。在郑州市，家庭收入在 12 万~20 万元的人群多为上班族中的高薪群体，尽管收入较高，但仍然不浪费水、注重节约用水，也愿意提高自己的社会参与度，为孩子树立较好的社会形象。

家庭收入 20 万元以上群体的水素养得分最低，并表现出很大差异，即水知识得分超过 90 分，水行为得分却不足 60，可能是由于这个群体数量较少产生了数据偏颇（表 6-51~表 6-54）。

表6-51 基于家庭收入特征的郑州市公民水素养评价得分

收入	水素养	水知识	水态度	水行为
3 万元以下	75.07	73.43	84.65	72.27
3 万~8 万元	75.21	82.44	83.48	71.65
8 万~12 万元	72.91	87.13	83.23	67.78
12 万~20 万元	77.37	85.59	86.37	73.44
20 万元以上	65.72	94.33	82.37	56.69

表6-52　基于家庭收入特征的郑州市公民水知识评价得分

收入	水科学基础知识	水资源开发利用及管理知识	水生态环境保护知识
3 万元以下	75.54	67.62	73.57
3 万~8 万元	83.40	79.86	82.41
8 万~12 万元	84.62	86.25	88.33
12 万~20 万元	84.31	84.09	86.36
20 万元以上	94.05	96.88	93.75

表6-53　基于家庭收入特征的郑州市公民水态度评价得分

收入	水情感	水责任	水伦理
3 万元以下	73.97	89.13	77.95
3 万~8 万元	76.70	85.57	81.06
8 万~12 万元	77.92	83.89	83.75
12 万~20 万元	82.95	87.12	85.91
20 万元以上	84.37	80.21	86.88

表6-54　基于家庭收入特征的郑州市公民水行为评价得分

收入	水生态和水环境管理行为	说服行为	消费行为	法律行为
3 万元以下	62.41	73.49	74.43	71.73
3 万~8 万元	62.92	69.67	76.56	64.86
8 万~12 万元	60.23	64.51	74.08	57.44
12 万~20 万元	63.35	64.77	79.89	65.38
20 万元以上	58.98	58.85	57.91	52.10

6.4　河池市公民水素养评价

　　采用前述方法,对河池市公民水素养问卷调查结果进行统计分析,得到各评价因子得分的均值。河池市公民水素养评价得分情况如表 6-55 所示。

表6-55　河池市公民水素养评价得分情况

一级指标	二级指标	题号	观测点摘要	得分
水知识	水科学基础知识	22	水资源分布现状	3.21
		23	受调查者对水价的观点	3.06
	水资源开发利用及管理知识	24	水资源管理手段	3.15
	水生态环境保护知识	25	造成水污染的活动	3.55
水态度	水情感	1	受调查者是否喜欢水风景区	3.46
		3	受调查者是否了解目前的水问题	2.72
	水责任	7	受调查者是否愿意节约用水	3.68
		8	受调查者是否愿意为节约用水而降低生活质量	2.84
		4	受调查者是否愿意采取行动保护水生态环境	3.38
	水伦理	20	受调查者是否赞同把解决水问题的责任推给后代	3.56
		21	受调查者是否赞同水生态补偿的原则	2.91
水行为	水生态和水环境管理行为	16	受调查者主动参与水宣传活动的行为	2.38
		2	受调查者关注护水宣传广告的行为	3.08
		6	受调查者接受水知识宣传的经历	2.61
		17	受调查者学习避险知识的经历	2.54
	说服行为	14	受调查者参与制止水污染事件的行为	2.89
		5	受调查者参与公益环保组织开展活动的经历	1.99
	消费行为	9	受调查者的生活废水回收利用行为	2.79
		10	受调查者的生活废水回收利用行为	2.41
		11	受调查者生活用水习惯	3.74
		13	受调查者生活用水频率	3.42
		12	受调查者家庭节水设备的使用情况	2.93
	法律行为	15	受调查者举报他人不当水行为的情况	3.23
		18	受调查者举报企业不当水行为的情况	1.62
		19	受调查者举报行政监督执法部门不当监管行为的情况	1.74

6.4.1　河池市公民水素养评价得分及分析

与北京市、郑州市情况相类似，从河池市公民水素养评价因子得分情况来看，第 7 题是"您是否愿意节约用水？"，第 11 题是"洗漱时，您是否会随时关闭水龙头？"，二者的得分情况较好，但是河池市受调查者的第 11 题得分更高，为 3.74 分，第 7 题得分为 3.68 分。这反映出大多数受调查者有非常好的用水习惯，并且具有非常明确的节水责任感。受调查者在第 20 题"我们当代人不需要考虑缺水和水污染问题，后代人会有办法去解决'，对这种说法，您的观点是什么？"也得到较高的得分，为 3.56 分，反映出大部分受调查者具有正确的水伦理观。河池市属于南方城市，降水量充沛，水资源丰富，但公民却有明确的水资源可持续发展观念，说明河池市的水情教育工作效果良好，节水护水爱水的社会风尚也很鲜明。

得分最低的题目是第 18 题"当发现有企业直接排放未经处理的污水，您举报过吗？"，得分仅为 1.62 分，而第 19 题"当发现水行政监督执法部门监管不到位时，您举报过吗？"，分数也较低，仅为 1.74 分。相类似的第 5 题"您是否监督过企业（或个人）的排污行为？"，得分为 1.99 分。这 3 道题分别列居最后 3 名，反映出受调查者对组织的不当水行为很少采取具体措施或主动行为去进行干预，但更愿意采取法律措施去对他人的水行为进行监督。

水知识所对应的问题得分差别明显，得分最高的是第 25 题"您认为以下哪些活动会造成水污染？"，分数为 3.55 分；第 22 题"关于我国水资源分布现状，您认为正确的说法有哪些？"，分数为 3.21 分；第 24 题"我国的水资源管理手段有哪些？"，得分为 3.15 分；第 23 题"您对水价的看法是什么？"的得分相对较低，为 3.06 分。这说明受调查者对水的自然知识或管理知识都比较熟悉，但对水的商品属性相关知识缺少足够深入地了解，不能正确认识水价的补偿作用和调节作用。

河池市水态度问题得分差异较大，第 1 题"您是否喜欢与水有关的名胜古迹或风景区（如都江堰、三峡大坝和千岛湖等）？"，以及第 4 题"您是否愿意采取一些行动（如捡拾水边垃圾等）来保护水生态环境？"得分相对较高。这说明生活在近水环境中的受调查者具有浓厚的亲水情感，也更愿意保护这种优良的水生态环境。第 21 题"'谁用水谁付费，谁污染谁补偿'，对这种说法，您的观点是什么？"，第 8 题"您是否愿意为节约用水而降低生活质量？"，第 3 题"您是否了解我国当前存在并急需解决的水问题（如水资源短缺、水生态损害和水环境污染等）？"，这 3 道题目得分均不足 3 分，说明河池市丰富且良好的水资源状况使受调查者对水生态补偿原则缺乏正确认识，也不愿意降低生活质量，更不太关注我国存在的水问题。

水行为的第 13 题"当发现前期用水量较大后，您是否采取一些行为减少用水量？"，第 2 题"您是否关注水资源保护、节约用水等公益宣传广告？"，第 15 题"当发现身边的不文明水行为（如在水源地游泳）时，您会怎么做？"，3 道题目的得分均超过 3 分，情况良好，这与受调查者天然而生的亲水情感和水责任感密切相关。第 9 题"您是否利用过淘米水洗菜或者浇花？"，第 10 题"您是否收集过洗衣机的脱水或手洗衣服时的漂洗水进行再利用？"，得分不足 3 分，说明受调查者不太注重生活废水的再利用，这与当地水资源现状密切相关。除此之外的水行为题目也都得分较低，主要反映出受调查者较少参与水知识的宣传教育活动，尤其缺乏水灾害避险知识,对河池市这样一个容易发生城市内涝等水灾害的城市,这类题目的得分比预期要低。

6.4.2 河池市公民水素养整体评价

运用前述方法,对河池市公民水素养进行评价,得到表 6-56。

表6-56 河池市公民水素养评价得分

S	评价值	S_i	评价值	S_{ij}	评价值
水素养	74.29	水知识	84.88	水科学基础知识	79.13
				水资源开发利用及管理知识	78.07
				水生态环境保护知识	88.74
		水态度	81.57	水情感	74.26
				水责任	82.39
				水伦理	82.49
		水行为	70.59	水生态和水环境管理行为	65.72
				说服行为	68.50
				消费行为	73.61
				法律行为	66.37

河池市公民水素养评价值为 74.29,其中,水知识得分为 84.88,水态度得分为 81.57,水行为得分为 70.59,说明受调查者水知识掌握程度非常好,水态度积极主动,但缺乏足够的实际行动力。

受调查者的水生态环境保护知识得分非常高,说明当地环境的自然条件和开展的水情教育直接影响了这项得分。受调查者的水责任和水伦理得分也比较高,这一方面来自受调查者所掌握的水知识,另一方面来自口口相传与潜移默化。这也决定了受调查者的消费行为得分较高,并能够主动劝说或制止别人的不当水行为。

6.4.3 基于受调查者特征的河池市公民水素养评价

使用上文所述方法,分群体进行公民水素养各因子得分情况的统计分析。

1. 性别特征

河池市公民水素养评价中,女性得分略高于男性。尽管男性水知识得分高于女性,但女性的水态度得分略高于男性,并且水行为得分明显高于男性。女性的社会角色和性格特质决定了她们具有更强烈的水责任感与正确的水伦理,同时她们在生活中更注重节水，也更善于说服别人，为避免正面冲突，她们更愿意使用法律手段维权（表 6-57~表 6-60）。

表6-57　基于性别特征的河池市公民水素养评价得分

性别	水素养	水知识	水态度	水行为
男	73.64	85.83	80.49	69.87
女	74.40	84.04	80.64	71.16

表6-58　基于性别特征的河池市公民水知识评价得分

性别	水科学基础知识	水资源开发利用及管理知识	水生态环境保护知识
男	80.83	80.11	89.23
女	77.63	77.16	88.30

表6-59　基于性别特征的河池市公民水态度评价得分

性别	水情感	水责任	水伦理
男	75.24	80.71	82.12
女	73.40	80.95	82.82

表6-60　基于性别特征的河池市公民水行为评价得分

性别	水生态和水环境管理行为	说服行为	消费行为	法律行为
男	66.31	66.88	72.71	56.68
女	65.30	69.92	74.31	66.98

2. 年龄特征

从年龄分布来看，36~45 岁人群的水素养分值最高，尤其是水行为得分明显高于其他群体，这与他们正确的水态度有关，也因为这类人群大多为人父母，愿意在生活中为孩子做出表率。60 岁以上人群水素养得分最低，尤其在水行为方面得分较低，这也是这类人群的特征体现。另外，60 岁以上人群问卷数量较少，调查结果可能存在偏颇（表 6-61~表 6-64）。

表6-61　基于年龄特征的河池市公民水素养评价得分

年龄	水素养	水知识	水态度	水行为
6~17 岁	73.24	82.91	79.49	69.99
18~35 岁	73.29	88.37	81.22	68.80
36~45 岁	76.43	83.55	81.79	73.80
46~59 岁	72.17	84.43	78.86	68.45
60 岁以上	68.01	84.01	83.32	61.88

表6-62　基于年龄特征的河池市公民水知识评价得分

年龄	水科学基础知识	水资源开发利用及管理知识	水生态环境保护知识
6~17 岁	77.17	76.28	86.86
18~35 岁	82.83	83.84	91.77
36~45 岁	78.39	77.78	87.04
46~59 岁	79.25	74.47	88.83
60 岁以上	59.52	85.00	95.00

表6-63　基于年龄特征的河池市公民水态度评价得分

年龄	水情感	水责任	水伦理
6~17 岁	71.37	80.95	79.17
18~35 岁	76.12	80.53	85.00
36~45 岁	76.44	82.02	83.40
46~59 岁	71.81	78.52	82.55
60 岁以上	76.67	86.57	78.00

表6-64　基于年龄特征的河池市公民水行为评价得分

年龄	水生态和水环境管理行为	说服行为	消费行为	法律行为
6~17 岁	63.67	68.16	73.72	64.78
18~35 岁	66.36	68.29	69.60	68.25
36~45 岁	67.84	69.24	78.42	66.97
46~59 岁	63.61	68.70	70.54	65.81
60 岁以上	72.53	63.33	85.61	55.80

3. 学历特征

高中学历人群水素养得分最高，主要在于他们的水行为得分更高，他们没有高学历人群的"清高"，愿意主动参与各类宣传活动，学习水知识，从而增强了他们的水责任感。在水态度的驱使下，他们也愿意把学习到的知识转化为行为。

硕士及以上学历人群得到了水知识的最高分，这说明学历和水知识关系紧密，同时，高学历人群具有更强烈的法律意识，他们愿意通过法律行为维护自己的权益或保护水资源。但由于这类人群只收到 2 份问卷，所以调查结果可能存在偏差（表 6-65~表 6-68）。

表6-65　　基于学历特征的河池市公民水素养评价得分

学历	水素养	水知识	水态度	水行为
小学及以下	73.58	83.55	79.54	70.38
初中	73.05	86.35	80.89	68.82
高中	78.76	84.14	83.27	76.62
本科	73.22	85.36	80.33	69.38
硕士及以上	77.06	96.42	83.40	72.50

表6-66　　基于学历特征的河池市公民水知识评价得分

学历	水科学基础知识	水资源开发利用及管理知识	水生态环境保护知识
小学及以下	76.36	77.33	88.08
初中	78.14	84.62	90.38
高中	77.89	78.29	88.16
本科	81.44	77.73	88.67
硕士及以上	92.47	87.50	100.00

表6-67　　基于学历特征的河池市公民水态度评价得分

学历	水情感	水责任	水伦理
小学及以下	72.09	80.83	79.36
初中	75.64	79.56	86.28
高中	78.73	83.59	84.34
本科	73.83	80.41	82.77
硕士及以上	83.33	80.74	90.00

表6-68　　基于学历特征的河池市公民水行为评价得分

学历	水生态和水环境管理行为	说服行为	消费行为	法律行为
小学及以下	64.52	68.02	74.31	64.58
初中	64.50	70.94	70.05	67.50
高中	73.00	73.79	81.01	68.72
本科	64.92	66.50	71.86	66.42
硕士及以上	53.92	68.75	76.39	73.44

4. 身份特征

从不同身份来看，企业人员水素养得分最高，并且在水知识、水态度及水行为方面都得到较高的分数，特别是水行为，得分为76.83，说明各项相关法规制度对企业的水行为产生有效约束，并进一步影响到企业员工，使其具有正确的水态度，并指导其实际行动。

与北京市、郑州市不同，河池市国家公务人员水素养得分最低，这是由于河池市既不是首都也不是省会，这类人群对自我的社会形象关注度不高，所以水知识、水态度及水行为的得分较低（表 6-69~表 6-72）。

表6-69　基于身份特征的河池市公民水素养评价得分

身份	水素养	水知识	水态度	水行为
国家公务人员	71.85	85.98	79.91	67.44
公用事业单位人员	74.00	82.60	79.43	71.15
企业人员	79.44	88.53	83.92	76.83
务农人员	72.86	87.55	80.42	68.54
学生	72.92	83.26	79.38	69.51
自由职业者	75.15	82.66	83.65	71.47
其他	72.01	87.43	82.12	66.78

表6-70　基于身份特征的河池市公民水知识评价得分

身份	水科学基础知识	水资源开发利用及管理知识	水生态环境保护知识
国家公务人员	83.38	78.23	88.71
公用事业单位人员	80.72	72.92	85.42
企业人员	78.66	84.15	93.90
务农人员	78.31	63.75	92.50
学生	77.43	76.88	87.19
自由职业者	73.01	76.67	88.33
其他	81.41	91.07	89.29

表6-71　基于身份特征的河池市公民水态度评价得分

身份	水情感	水责任	水伦理
国家公务人员	72.04	79.53	84.03
公用事业单位人员	74.19	79.93	80.35
企业人员	81.10	82.26	89.15
务农人员	75.00	79.90	83.88
学生	71.15	80.74	79.38
自由职业者	74.44	84.35	85.67
其他	75.00	83.71	81.07

表6-72 基于身份特征的河池市公民水行为评价得分

身份	水生态和水环境管理行为	说服行为	消费行为	法律行为
国家公务人员	61.76	64.52	67.73	70.32
公用事业单位人员	64.35	66.96	75.61	65.03
企业人员	72.95	79.78	78.00	75.23
务农人员	66.97	65.00	71.51	63.20
学生	63.58	67.92	73.10	64.37
自由职业者	67.24	69.17	76.48	62.29
其他	67.39	64.88	68.28	63.41

5. 居住地特征

从居住地情况来看，城镇居民水素养得分略高于农村居民，但差异并不明显，城镇居民主要在水知识和水行为方面具有优势，农村居民的水态度得分更高，尤其是水情感和水伦理方面。农村居民相对城镇居民更贴近大自然，亲水情感更浓烈，同时能够直观感受到水污染等问题给农田作物带来的直接影响，因而得分更高。城镇居民维权意识、法律意识较高，因而说服行为、法律行为得分略高。生活硬件差异决定了城镇居民生活废水再利用更方便，更容易使用节水器具，因而消费行为得分高于农村居民；但农村居民更愿意参加各类宣传活动，接受科普知识教育（表 6-73~表 6-76）。

表6-73 基于居住地特征的河池州市公民水素养评价得分

居住地	水素养	水知识	水态度	水行为
城镇	74.26	84.96	80.55	70.86
农村	73.43	84.62	80.66	69.67

表6-74 基于居住地特征的河池市公民水知识评价得分

居住地	水科学基础知识	水资源开发利用及管理知识	水生态环境保护知识
城镇	80.23	78.20	88.47
农村	75.85	80.07	89.53

表6-75 基于居住地特征的河池市公民水态度评价得分

居住地	水情感	水责任	水伦理
城镇	73.82	80.95	82.28
农村	75.56	80.51	83.11

表6-76　基于居住地特征的河池市公民水行为评价得分

居住地	水生态和水环境管理行为	说服行为	消费行为	法律行为
城镇	65.47	68.91	73.76	67.16
农村	66.47	67.29	72.97	64.04

6. 收入特征

从得分情况来看，在河池市的受调查者中，家庭收入最高的群体水素养得分最高，但这个调查群体人数只有 2 位，所以调查结果难以反映真实情况。家庭收入为 12 万~20 万元的调查群体也只有 6 位，调查结果也存在偏差。剩余群体中，家庭收入为 3 万~8 万元的群体各项得分都相对较高，这个群体也占了受调查者的半数，说明家庭收入属于平均水平的群体水素养更高，这类群体的水行为得分较高，水价对这类群体的调节作用比较明显，他们参加过较多的宣传教育活动，水知识得分较高，也具有更高的水责任感，愿意主动去劝说或制止他人的不当行为，也愿意通过法律途径维权（表 6-77~表 6-80）。

表6-77　基于家庭收入特征的河池市公民水素养评价得分

收入	水素养	水知识	水态度	水行为
3 万元以下	73.87	84.05	80.86	70.32
3 万~8 万元	74.19	87.18	80.42	70.52
8 万~12 万元	73.76	77.59	79.77	71.36
12 万~20 万元	74.09	78.56	79.26	71.87
20 万元以上	78.06	95.04	90.85	71.79

表6-78　基于家庭收入特征的河池市公民水知识评价得分

收入	水科学基础知识	水资源开发利用及管理知识	水生态环境保护知识
3 万元以下	77.43	78.04	88.26
3 万~8 万元	81.68	79.96	91.13
8 万~12 万元	71.89	73.28	81.03
12 万~20 万元	83.74	83.33	75.00
20 万元以上	87.50	87.50	100.00

表6-79　基于家庭收入特征的河池市公民水态度评价得分

收入	水情感	水责任	水伦理
3 万元以下	75.36	80.56	83.83
3 万~8 万元	74.35	80.88	81.74
8 万~12 万元	68.10	81.74	79.66
12 万~20 万元	79.17	77.96	82.50
20 万元以上	79.17	89.07	89.07

表6-80 基于家庭收入特征的河池市公民水行为评价得分

收入	水生态和水环境管理行为	说服行为	消费行为	法律行为
3万元以下	66.43	68.55	73.61	64.90
3万~8万元	65.19	68.59	73.12	67.47
8万~12万元	64.27	67.38	75.22	66.75
12万~20万元	67.60	65.97	75.64	66.57
20万元以上	77.82	83.37	71.66	67.33

6.5 青铜峡市公民水素养评价

采用前述方法，对青铜峡市公民水素养问卷调查结果进行统计分析，得到各评价因子得分的均值。青铜峡市公民水素养评价得分情况如表6-81所示。

表6-81 青铜峡市公民水素养评价得分情况

一级指标	二级指标	题号	观测点摘要	得分
水知识	水科学基础知识	22	水资源分布现状	3.23
		23	受调查者对水价的观点	3.01
	水资源开发利用及管理知识	24	水资源管理行政手段	3.25
	水生态环境保护知识	25	造成水污染的活动	3.61
水态度	水情感	1	受调查者是否喜欢水风景区	3.49
		3	受调查者是否了解目前的水问题	2.80
	水责任	7	受调查者是否愿意节约用水	3.59
		8	受调查者是否愿意为节约用水而降低生活质量	2.71
		4	受调查者是否愿意采取行动保护水生态环境	3.19
	水伦理	20	受调查者是否赞同把解决水问题的责任推给后代	3.29
		21	受调查者是否赞同水生态补偿的原则	3.04
水行为	水生态和水环境管理行为	16	受调查者主动参与水宣传活动的行为	1.43
		2	受调查者关注护水宣传广告的行为	3.21
		6	受调查者接受水知识宣传的经历	2.40
		17	受调查者学习避险知识的经历	1.64
	说服行为	14	受调查者参与制止水污染事件的行为	2.61
		5	受调查者参与公益环保组织开展活动的经历	1.82

续表

一级指标	二级指标	题号	观测点摘要	得分
水行为	消费行为	9	受调查者的生活废水回收利用行为	2.79
		10	受调查者的生活废水回收利用行为	2.19
		11	受调查者生活用水习惯	3.45
		13	受调查者生活用水频率	3.25
		12	受调查者家庭节水设备的使用情况	2.86
	法律行为	15	受调查者举报他人不当水行为的情况	2.88
		18	受调查者举报企业不当水行为的情况	1.20
		19	受调查者举报行政监督执法部门不当监管行为的情况	3.23

6.5.1　青铜峡市公民水素养评价得分及分析

青铜峡市公民水素养得分情况和北京市、郑州市及河池市不太一样，其中一个重要原因是调查问卷数量较少，仅有 139 份，从统计学角度来看，这会使调查结果存在误差。

青铜峡市地处黄河上游，是隶属宁夏回族自治区吴忠市的县级城市，其城市定位为"滨河生态园林城市"，公民亲水情感浓厚，护水意识强烈。青铜峡市公民水素养评价因子得分最高为第 25 题"您认为以下哪些活动会造成水污染？"。第 7 题"您是否愿意节约用水？"，第 1 题"您是否喜欢与水有关的名胜古迹或风景区（如都江堰、三峡大坝和千岛湖等）？"，以及第 11 题"洗漱时，您是否会随时关闭水龙头？"也都得到较高分数。

与其他试点城市类似，受调查者得分较低的是水行为题目，第 18 题"当发现有企业直接排放未经处理的污水，您举报过吗？"，得分仅为 1.20 分。第 16 题"您是否参加过社区或学校组织的节水爱水护水活动？"，第 17 题"您是否了解水灾害（如山洪暴发、城市内涝和泥石流等）避险的技巧方法？"，第 5 题"您是否监督过企业（或个人）的排污行为？"，这 4 道题目的得分也都不超过 2 分。因为青铜峡市地处西北内陆，属于县级市，公民维权意识相对较弱，同时较少遇到水灾害问题，所以缺乏学习相关知识的主动性。

水知识对应的问题得分差别明显，其中，第 23 题"您对水价的看法是什么？"得分相对较低，为 3.01，说明受调查者对水的商品属性相关知识缺少足够深入的了解，不能正确认识水价的补偿作用和调节作用。

从水态度来看，第 20 题"'我们当代人不需要考虑缺水和水污染问题，后代人会有办法去解决'，对这种说法，您的观点是什么？"，得分较高，为 3.29 分，说明青铜峡市水环保水污染相关宣传教育工作收效良好。第 4 题"您是否愿意采取一些行动（如捡拾水边垃圾等）来保护水生态环境？"，第 21 题"'谁用水谁付费，谁污染谁补偿'，对这种说法，您的观点是什么？"，受调查者也都得到较高的分数，反映出调查者对水生态补偿原则的认可度较高，也更愿意保护这种优良的水生态环境。第 3 题"您是否了解我国当前存在并急需解决的水问题（如水资源短缺、水生态损害和水环境污染等）？"，第 8 题"您是否愿意为节约用水而降低生活质量？"，得分均低于 3 分，这是由于受调查者居住城市水资源丰富，水质优良，并没有关注到全国的水问题；此外，青铜峡市社会经济发展水平较高，位列我国西部百强县，有"塞上明珠"的美誉，居民追求较高的生活质量，不太愿意通过降低生活质量的方式来节约用水。但受调查者在回答第 13 题"当发现前期用水量较大后，您是否采取一些行为减少用水量？"，大多受调查者表示愿意主动减少用水量。

6.5.2　青铜峡市公民水素养整体评价

运用前述方法，对青铜峡市公民水素养进行评价，得到表 6-82。

表6-82　青铜峡市公民水素养评价得分

S	评价值	S_{ij}	评价值	观测点摘要	评价值
水素养	69.55	水知识	86.14	水科学基础知识	79.13
				水资源开发利用及管理知识	81.30
				水生态环境保护知识	90.29
		水态度	78.85	水情感	75.72
				水责任	79.03
				水伦理	79.68
		水行为	64.43	水生态和水环境管理行为	51.83
				说服行为	61.99
				消费行为	70.14
				法律行为	57.77

与其他试点城市相比，青铜峡市公民水素养得分略低，但水知识得分较高，尤其是水生态环境保护知识，甚至超过 90 分；青铜峡市公民水素养偏低的直接原因在于水行为得分较低，其中水生态和水环境管理行为、法律行为得分甚至低于 60 分，反映出西北内陆城市信息相对闭塞、公民态度相对保守的特征。但

良好的节水护水爱水社会风尚使居民多数拥有正确的水态度，并能够转化为有效的消费行为。

6.5.3　基于受调查者特征的青铜峡市公民水素养评价

使用上文所述方法，分群体进行公民水素养各因子得分情况的统计分析。

1. 性别特征

从性别差异来看，女性受调查者在各个方面得分都明显超过男性受调查者，女性所有水知识得分都比较高，说明女性更容易接受吸纳外界传递的知识。女性的水责任得分更高，并且映射在说服行为、消费行为及法律行为上，这些方面都超过男性 2 分左右。但男性的水情感、水伦理得分更高，这也影响了他们参与各类水生态和水环境管理行为的积极性（表 6-83~表 6-86）。

表6-83　基于性别特征的青铜峡市公民水素养评价得分

性别	水素养	水知识	水态度	水行为
男	68.79	84.62	77.86	63.84
女	70.52	87.69	79.61	65.39

表6-84　基于性别特征的青铜峡市公民水知识评价得分

性别	水科学基础知识	水资源开发利用及管理知识	水生态环境保护知识
男	78.70	80.00	88.21
女	79.56	82.68	92.39

表6-85　基于性别特征的青铜峡市公民水态度评价得分

性别	水情感	水责任	水伦理观
男	77.14	77.02	80.21
女	74.27	80.68	79.13

表6-86　基于性别特征的青铜峡市公民水行为评价得分

性别	水生态和水环境管理行为	说服行为	消费行为	法律行为
男	53.38	60.30	69.08	57.52
女	50.26	63.71	71.22	59.51

2. 年龄特征

青铜峡市的调查问卷缺少 6~17 岁和 60 岁以上人群，其他人群水素养得分非常接近，46~59 岁人群由于相对较高的水行为得分，拿到了最高的水素养得分，

46~59 岁人群拥有较多的社会话语权，社会道德标准对他们的影响程度比较深，他们愿意对身边的不合理现象发表意见甚至进行干预，所以水行为比较活跃。18~35 岁的年轻人相对得分较低，尤其在水行为方面，他们更关注自我，对他人的行为多采取置之不理的态度，因而得分较低（表 6-87~表 6-90）。

表6-87 基于年龄特征的青铜峡市公民水素养评价得分

年龄	水素养	水知识	水态度	水行为
6~17 岁	0.00	0.00	0.00	0.00
18~35 岁	68.21	84.25	79.02	62.68
36~45 岁	69.43	91.38	79.49	63.36
46~59 岁	70.65	84.94	77.54	66.60
60 岁以上	0.00	0.00	0.00	0.00

表6-88 基于年龄特征的青铜峡市公民水知识评价得分

年龄	水科学基础知识	水资源开发利用及管理知识	水生态环境保护知识
6~17 岁	0.00	0.00	0.00
18~35 岁	77.35	78.85	88.46
36~45 岁	91.10	82.23	93.33
46~59 岁	76.01	83.33	89.29
60 岁以上	0.00	0.00	0.00

表6-89 基于年龄特征的青铜峡市公民水态度评价得分

年龄	水情感	水责任	水伦理观
6~17 岁	0.00	0.00	0.00
18~35 岁	74.68	79.81	78.85
36~45 岁	76.11	79.26	81.44
46~59 岁	76.59	77.18	78.81
60 岁以上	0.00	0.00	0.00

表6-90 基于年龄特征的青铜峡市公民水行为评价得分

年龄	水生态和水环境管理行为	说服行为	消费行为	法律行为
6~17 岁	0.00	0.00	0.00	0.00
18~35 岁	50.97	60.74	68.72	54.66
36~45 岁	51.38	59.17	68.55	58.08
46~59 岁	53.38	66.57	71.60	61.29
60 岁以上	0.00	0.00	0.00	0.00

3. 学历特征

青铜峡市的调查问卷反映出水素养随学历的升高呈上升趋势，但由于硕士及以上学历人群的调查问卷仅有 2 份，所以调查结果可能存在偏差。其余群体中，本科学历人群水素养最高，并在水知识、水态度及水行为三方面都得到较高分，体现出学历对水素养的影响。小学及以下人群的水知识得分也比较高，考虑到年龄分布，这类人群中并没有小学生，说明青铜峡市水情教育效果良好，低学历人群一样可以通过其他渠道获取水知识（表 6-91~表 6-94）。

表6-91　基于学历特征的青铜峡市公民水素养评价得分

学历	水素养	水知识	水态度	水行为
小学及以下	59.72	85.40	66.11	54.32
初中	66.29	78.75	78.48	60.80
高中	66.22	83.62	75.99	60.84
本科	71.84	88.50	79.76	67.15
硕士及以上	74.20	95.61	82.76	68.67

表6-92　基于学历特征的青铜峡市公民水知识评价得分

学历	水科学基础知识	水资源开发利用及管理知识	水生态环境保护知识
小学及以下	80.00	75.00	90.00
初中	73.81	72.06	82.35
高中	75.44	77.27	88.64
本科	81.55	84.76	92.38
硕士及以上	83.74	100.00	100.00

表6-93　基于学历特征的青铜峡市公民水态度评价得分

学历	水情感	水责任	水伦理观
小学及以下	56.67	60.01	85.00
初中	76.47	78.43	79.41
高中	72.98	74.49	80.91
本科	77.64	80.53	78.72
硕士及以上	83.33	80.74	87.50

表6-94　基于学历特征的青铜峡市公民水行为评价得分

学历	水生态和水环境管理行为	说服行为	消费行为	法律行为
小学及以下	41.93	56.67	57.97	51.19
初中	49.74	56.14	68.43	49.39
高中	47.08	54.29	66.75	55.31
本科	54.70	66.51	72.45	60.91
硕士及以上	55.11	66.67	76.48	57.38

4. 身份特征

青铜峡市的国家公务人员对自己的社会形象要求较高，水素养得分最高，并在水知识、水态度及水行为三方面都得到最高分。这与节水护水爱水的社会氛围密切相关。水素养得分最低的群体是学生，结合年龄因素，可以推断，学生群体主要是初高中生，受限于身份特征，他们的社会生活比较简单，因此水行为得分很低，甚至不到 60 分（表 6-95~表 6-98）。

表6-95　基于身份特征的青铜峡市公民水素养评价得分

身份	水素养	水知识	水态度	水行为
国家公务人员	76.83	93.79	86.38	71.58
公用事业单位人员	70.95	88.35	78.19	66.37
企业人员	67.88	81.64	79.03	62.55
务农人员	63.51	82.68	73.61	57.80
学生	54.71	84.69	70.71	45.71
自由职业者	56.78	80.56	67.27	50.33
其他	70.34	83.61	80.45	65.40

表6-96　基于身份特征的青铜峡市公民水知识评价得分

身份	水科学基础知识	水资源开发利用及管理知识	水生态环境保护知识
国家公务人员	82.11	94.00	99.00
公用事业单位人员	82.91	83.93	91.67
企业人员	78.07	77.27	84.09
务农人员	77.78	70.19	87.50
学生	67.47	50.00	100.00
自由职业者	54.37	75.00	93.75
其他	80.12	81.58	85.53

表6-97　基于身份特征的青铜峡市公民水态度评价得分

身份	水情感	水责任	水伦理观
国家公务人员	84.33	88.01	83.20
公用事业单位人员	75.19	79.15	77.02
企业人员	71.59	80.68	77.95
务农人员	72.44	70.19	82.50
学生	83.33	75.00	55.00
自由职业者	64.58	64.58	75.01
其他	76.75	80.70	81.32

表6-98　基于身份特征的青铜峡市公民水行为评价得分

身份	水生态和水环境管理行为	说服行为	消费行为	法律行为
国家公务人员	63.04	72.33	76.36	64.31
公用事业单位人员	50.50	61.61	72.54	60.84
企业人员	50.74	57.76	69.00	54.32
务农人员	46.35	58.06	62.87	51.39
学生	36.64	33.34	57.05	25.00
自由职业者	41.76	42.71	55.40	44.53
其他	47.05	64.91	71.71	59.63

5. 居住地特征

从居住地分布来看，城镇居民水素养得分明显高于农村居民，其余指标得分也都明显高于农村居民，城乡差异显著是原因之一，农村调查问卷相对较少是原因之二。农村居民仅在水伦理方面得分略高于城镇居民，农村居民除生活用水之外还会有生产用水，如灌溉、养殖等，水的可持续利用、水的补偿原则对农村居民的生产用水影响明显，因而农村居民的水伦理得分相对较高（表 6-99~表 6-102）。

表6-99　基于居住地特征的青铜峡市州市公民水素养评价得分

居住地	水素养	水知识	水态度	水行为
城镇	71.37	87.17	79.74	66.65
农村	64.72	83.42	76.48	58.54

表6-100　基于居住地特征的青铜峡市公民水知识评价得分

居住地	水科学基础知识	水资源开发利用及管理知识	水生态环境保护知识
城镇	79.48	83.66	91.34
农村	78.21	75.00	87.50

表6-101　基于居住地特征的青铜峡市公民水态度评价得分

居住地	水情感	水责任	水伦理
城镇	76.90	80.37	79.36
农村	72.59	75.59	80.53

表6-102　基于居住地特征的青铜峡市公民水行为评价得分

居住地	水生态和水环境管理行为	说服行为	消费行为	法律行为
城镇	53.91	63.70	72.71	59.35
农村	46.30	57.46	63.22	53.57

6. 收入特征

在青铜峡市调查问卷中，家庭年收入超过 20 万元的问卷仅有 2 份，调查结果可能存在偏差。其余群体中，家庭年收入在 12 万~20 万元的人群水素养得分更高，在水知识、水态度及水行为方面得分也都较高，尤其是水行为，得分显著超过其他群体。这类高收入群体更关注生活质量，关心水质对生活的影响，同时他们相对拥有较多的社会话语权，愿意主动对他人或组织的不当行为予以监督或干预，同时他们的法律意识高，法律维权意识较强，不怕给自己惹麻烦，希望为保护水资源做出个人贡献（表 6-103~表 6-106）。

表6-103　基于家庭收入特征的青铜峡市公民水素养评价得分

收入	水素养	水知识	水态度	水行为
3 万元以下	68.43	84.66	77.32	63.49
3 万~8 万元	68.72	86.26	79.72	62.93
8 万~12 万元	69.96	87.88	77.88	65.10
12 万~20 万元	79.58	89.70	82.39	77.36
20 万元以上	65.04	78.84	72.05	61.54

表6-104　基于家庭收入特征的青铜峡市公民水知识评价得分

收入	水科学基础知识	水资源开发利用及管理知识	水生态环境保护知识
3 万元以下	77.17	79.49	89.10
3 万~8 万元	79.36	81.72	90.30
8 万~12 万元	78.93	83.33	92.86
12 万~20 万元	85.51	85.00	92.50
20 万元以上	79.97	62.50	75.00

表6-105　基于家庭收入特征的青铜峡市公民水态度评价得分

收入	水情感	水责任	水伦理观
3 万元以下	72.22	77.85	78.08
3 万~8 万元	76.12	79.68	81.27
8 万~12 万元	76.19	78.55	76.90
12 万~20 万元	85.83	81.57	83.00
20 万元以上	75.00	72.40	70.00

表6-106　基于家庭收入特征的青铜峡市公民水行为评价得分

收入	水生态和水环境管理行为	说服行为	消费行为	法律行为
3 万元以下	47.92	61.32	69.01	58.65
3 万~8 万元	53.32	62.75	68.17	55.80
8 万~12 万元	55.06	56.94	71.13	57.86
12 万~20 万元	59.70	72.08	84.63	70.20
20 万元以上	38.20	52.08	75.00	43.61

6.6　本 章 小 结

由上述研究可以看出，4 个试点城市公民水素养得分情况排名依次为北京市（74.71）、郑州市（74.61）、河池市（74.29）、青铜峡市（69.55），北京市、郑州市、河池市得分情况接近，青铜峡市由于调查问卷收回数量较少，其结果可能存在偏差。从整体情况来看，4 个试点城市的水素养评价得分都没有超过 75，水素养水平相对较低，并且 4 个试点城市的受调查者在最能体现水素养的水行为方面表现不佳，进一步拉低了水素养评价得分。可见，我国各级政府在公民掌握必备的水知识、树立科学的水态度和规范公民的水行为等方面任重道远。

第7章　研究总结及建议

公民水素养评价研究是一个崭新的研究领域，国内外可参考借鉴的文献比较有限，我们在广泛调研、深入研究的基础上，对公民水素养理论和评价方法进行了较为系统的研究与探索，完成了大量具有一定开创性的工作，为后续研究工作奠定了较为坚实的基础，同时也可以为我国各级政府开展公民水素养提升工作提供有针对性的对策和建议。

7.1　研究总结

（1）对水素养概念内涵和基本构成进行界定。我们从"素养"二字的内涵出发，对水素养内涵予以界定，将其概括为人们在生产生活中逐步研习、积累而形成的关于水生态环境、人与水生态环境的关系以及人类对待水生态环境行为的一种综合素质，是必要的水知识、科学的水态度、规范的水行为的总和。同时，在借鉴相关研究文献并广泛征求水利、环境等方面专家意见的基础上对水素养三个层次包含的知识要点和内容进行系统梳理。

（2）尝试构建公民水素养评价指标体系。在对水素养内涵，以及水知识、水态度和水行为的内涵深入阐述及研究的基础上，借助文献追踪及专家咨询等定性研究方法，以及结构方程、层次分析法等定量研究方法，构建出公民水素养评价指标体系，并确定各指标相应的权重。

（3）编制公民水素养评价问卷，开展试点调查。基于公民水素养评价指标体系，设计出公民水素养调查问卷题库，在多次咨询水利学、管理学和心理学等相关学科专家的基础上，反复推敲用词造句，经数次修改，依据问卷设计原则，最终形成公民水素养调查问卷。为验证水素养评价指标体系和问卷的可行性以及初步了解我国公民水素养基本状况，筛选了北京市、郑州市、河池市及青铜峡市四个外在因素差异较大的城市开展试点调查，通过不同的方式进行调查问卷的发放与回收，为进一步规范问卷调查工作方式积累了经验。收回问卷后，运用 SPSS 软件对调查问卷进行信度及效度分析，证实调查问卷整体具有较高的信度和效度。同时，在开展试点城市调查之前，项目组分别选择若干城市和农村家庭开展入户调查及访谈，从而确保调查问卷通俗易懂。

（4）对试点城市的公民水素养状况进行初步分析。根据调查结果，四个试点城市公民水素养整体评价得分由高至低依次为北京市、郑州市、河池市、青铜峡市，而这个排名与城市社会经济发展水平相契合，在一定程度上反映了调查问卷及评价指标体系的合理性。但是，也可以看出，我国公民水素养整体水平不高，虽然试点城市的水知识、水态度得分相对较高，但水行为得分则相对明显较低，个别群体甚至不到 60 分。可见，我国各级政府在公民掌握必备的水知识、树立科学的水态度，尤其是规范公民的水行为等方面的工作任重道远。

7.2　研究与工作建议

（1）要进一步重视公民水素养理论研究与评价工作。公民水素养是公民个体的素养，但公民水素养高低不仅是公民个人的事情，也是一个社会文明程度的重要体现，并与水生态文明建设密切相关。因此，提升公民水素养水平是我国各级政府责无旁贷的任务。提升公民水素养水平的重要抓手之一就是开展对我国公民水素养水平的评价工作，这项工作有利于扩大水素养在社会中的认知程度和影响力，提高全社会对水作为基础性自然资源和战略性商品资源的认识程度，树立文明用水理念，改善用水的社会意识，强化用水的社会责任，让水素养理念形成共识并渗透到日常的生产、工作及生活之中，从而实现人水和谐，保障水资源的可持续发展。

（2）深入研究公民水素养水平提升的内在机理和实施机制。研究发现，在水素养的构成中，水知识是基础，水知识影响水态度，而水态度又进一步指导水行为。但水知识如何内化为公民的水态度和水行为？水态度和水行为之间是否会出现"认知失调"现象？水知识、水态度和水行为之间相互作用的内在机理是什么？应该构建何种实施机制才能有效提升公民的水素养水平？这些问题都有待进一步深入进行理论和实证研究。因此，在此深入研究基础上，制定公民水素养提升行动的各项具体措施。

（3）全面开展我国省会城市公民水素养评价工作。现有研究仅仅是对北京市、郑州市、河池市和青铜峡市四个试点城市公民水素养水平进行初步评价，主要目的是验证水素养评价指标体系和问卷的可行性并初步了解我国公民水素养基本状况，但是要达到通过开展水素养评价以促进全民的水素养提升的效果，应进一步扩大评价范围，开展我国省会城市公民水素养水平评价排名工作，引起社会各界的高度关注及各级政府的高度重视，从而推动公民水素养水平提升。拟研发公民水素养综合指数、水知识指数、水态度指数、水行为指数及区域指数等，进行公民水素养综合指数、水知识指数、水态度指数和水行为指数排名，扩大公民水素养评价的影响力，同时为行政管理机构提供有针对性的政策建议。

参 考 文 献

才惠莲，孙泽宇. 2016. 我国生态环境用水法律保护的问题与对策——基于社会公共利益的视角[J]. 安全与环境工程，（2）：1-5.

蔡志凌，叶建柱. 2004. 物理教师科学素养的培养策略研究[J]. 天水师范学院学报，24（5）：86-88.

常建娥，蒋太立. 2007. 层次分析法确定权重的研究[J]. 武汉理工大学学报（信息与管理工程版），29（1）：153-156.

常玉，刘显东，杨莉. 2003. 应用解释结构模型（ISM）分析高新技术企业技术创新能力[J]. 科研管理，24（2）：41-48.

陈雷. 2015-06-30. 陈雷部长在中国水利学会第 10 次会员大会上发表重要谈话[EB/OL]. http://www. ches.org.cn/ches/rdxw/201701/t20170120_789939.html.

程宇昌. 2014. 现状与趋势：近年来国内水文化研究述评[J]. 南昌工程学院学报，（5）：14-18.

戴锐. 2014-08-08. 水文化的传统形态及其现代跃迁[N]. 中国社会科学报（B04）.

邓俊，吕娟，王英华. 2016. 水文化研究与水文化建设发展综述[J].中国水利，（21）：52-54.

冯翠典. 2013. 科学素养结构发展的国内外综述[J]. 教育科学研究，（6）：62-66.

郭家骥. 2009. 西双版纳傣族的水信仰、水崇拜、水知识及相关用水习俗研究[J]. 贵州民族研究，（3）：53-62.

郭进平，陈洪伟，赵金娜. 2009. 基于解释结构模型的安全执行力分析[J]. 中国安全生产科学技术，5（3）：78-82.

郝泽嘉，王莹，陈远生，等. 2010. 节水知识、意识和行为的现状评估及系统分析——以北京市中学生为例[J]. 自然资源学报，25（9）：1618-1628.

胡锦涛. 2012. 坚定不移沿着中国特色社会主义道路前进为全面建成小康社会而奋斗——在中国共产党第十八次全国人民代表大会上的报告[R].

胡早萍，陈立立. 2017. 流域管理中的水文化与公众参与[J]. 水利发展研究，17（6）：74-77.

姜海珊，赵卫华. 2015. 北京市居民用水行为调查分析及节水措施[J]. 水资源保护，（5）：110-113.

靳怀堾. 2005. 中华文化与水[M]. 武汉：长江出版社.

靳怀堾，尉天骄. 2015. 中华水文化通论（水文化大学生读本）[M]. 北京：中国水利水电出版社.

赖小琴. 2007. 广西少数民族地区高中学生科学素养研究[D]. 西南大学博士学位论文.

李柏洲，董媛媛. 2009. 应用解释结构模型构建企业原始创新系统及系统运行分析[J]. 软科学，23（8）：119-124.

李大光. 2002. 世界范围的认识：科学素养的不同观点和研究方法[J]. 科协论坛，（5）：32-34.

李群，陈雄，马宗文. 2016. 中国公民科学素质报告[M]. 北京：社会科学文献出版社.

李振福. 2006. 基于解释结构模型的城市交通文化力分析[J]. 大连海事大学学报，32（3）：29-32.

李宗新. 2005a. 浅议中国水文化的主要特性[J]. 华北水利水电学院学报（社会科学版），（1）：111-112.

李宗新. 2005b. 试论治水新思路与中国水文化的创新[J]. 华北水利水电学院学报（社会科学

版），（4）：107-109.

李宗新. 2008. 建设水文化 弘扬水精神 构建水文化核心价值体系[J]. 水利发展研究，（2）：77-80.

李宗新. 2011. 试论水文化之魂——水精神[J]. 水利发展研究，（3）：79-84.

李宗新，闫彦. 2012. 中华水文化文集[M]. 北京：中国水利水电出版社.

李宗新，靳怀堾，尉天骄. 2008. 中华水文化概论[M]. 郑州：黄河水利出版社.

梁英豪. 2001. 科学素养初探[J]. 课程·教材·教法，（12）：61-65.

刘彬彬. 2010. 解释结构模型（ISM）在高校物流专业双语教学中的要素分析研究[J]. 中国科教创新导刊，（4）：200-201.

刘海芳，张志红，李耀福，等. 2014. 太原市两社区居民饮用水使用和健康知识知晓状况调查[J]. 环境卫生学杂志，4（4）：336-339.

陆兆侠. 2014. 水文化教育在高中历史教学中的内容和价值——以岳麓版高中历史教材为例[D]. 陕西师范大学博士学位论文.

毛琦，马冠中，宦强. 2010. 解释结构模型（ISM）法在教材分析中的应用实例研究[J]. 物理教师，31（4）：5-7.

孟亚明，于开宁. 2008. 浅谈水文化内涵、研究方法和意义[J]. 江南大学学报（人文社会科学版），7（4）：63-66.

钱坤南. 2014. 打造灵动的水文化教育特色[J]. 新教育，（19）：57-58.

青平，聂坪，陶蕊. 2012. 城市居民节水行为的实证分析——基于消费者计划行为理论的视角[J]. 华中农业大学学报（社会科学版），（6）：64-69.

饶明奇. 2010.《中国水文化概论》课程建设的若干思考[J]. 华北水利水电学院学报（社会科学版），（6）：1-3.

饶明奇. 2013. 中国水利法制史研究[M]. 北京：法律出版社.

任福君. 2011. 中国公民科学素质报告. 第2辑. 第八次中国公民科学素养调查报告[M]. 北京：科学普及出版社.

任磊，张超，何薇. 2013. 中国公民科学素养及其影响因素模型的构建与分析[J]. 科学学研究，31（7）：983-990.

史艳芬. 2012. 解释结构模型在图书采购质量分析及控制中的应用[J]. 图书情报工作，56（5）：94-97.

孙慧，周颖，范志清. 2010. 基于解释结构模型的公交客流量影响因素分析[J]. 北京理工大学学报（社会科学版），12（1）：29-32.

田海平. 2012.“水”伦理的生态理念及其道德亲证[J]. 河海大学学报（哲学社会科学版），14（1）：27-32.

田青. 2011. 环境教育与可持续发展的教育联合国会议文件汇编[M]. 北京：中国环境科学出版社.

汪健，陆一奇. 2012. 我国水文化遗产价值与保护开发刍议[J]. 水利发展研究，12（1）：77-80.

王建明，王秋欢，吴龙昌. 2016. 家庭节水欲望的启动及其对节水行为响应的传递效应———一个修正的目标导向行为模型[J]. 统计与信息论坛，31（8）：98-105.

王金玉，李盛. 2009. 兰州市企业职工对突发性水污染事故知识的知晓情况调查研究[J]. 中国病毒病杂志，（3）：212-215.

王猛，张永安，王燕妮. 2013. 企业原始创新影响因素解释结构模型研究[J]. 科技进步与对策，30（6）：70-75.

王敏达，张新宁，刘超. 2010. 国内外环境素养测评发展的比较研究[J]. 生态经济（学术版），（2）：408-411.

王鹏，彭元伟，全美杰，等. 2010. 基于层次分析法的和谐校园评价指标权重确定[J]. 中国科技信息，（14）：244-247.

王宛秋，张永安. 2009. 基于解释结构模型的企业技术并购协同效应影响因素分析[J]. 科学学与科学技术管理，30（4）：104-109.

王伟英. 2009. 论水文化建设的路径与措施[J]. 浙江水利水电专科学校学报，（9）：61-65.

武春友，孙岩. 2006. 环境态度与环境行为及其关系研究的进展[J]. 预测，25（4）：61-65.

郗小林，徐庆华. 1998. 中国公众环境意识调查[M]. 北京：中国环境出版社.

向红，杨蕙，蒋励，等. 2014. 山区居民饮水相关知识、态度和行为状况调查分析[J]. 中国卫生事业管理，31（11）：872-875.

徐静，武乐杰. 2009. 房地产价格影响因素的解释结构模型分析[J]. 金融经济（理论版），（10）：22-23.

徐小燕，钟一舰. 2011. 水资源态度与节水行为关系研究现状及发展趋势[J]. 社会心理科学，26（9）：48-54.

许佳军，马宗文，董全超. 2014. 中国公民科学素质调查与研究[J]. 中国软科学，（11）：162-169.

闫彦. 2015. 水文化与水生态文明关系探讨[J]. 浙江树人大学学报（人文社会科学版），15（2）：57-59.

杨军敏，李翠娟，徐波. 2011. 影响企业技术并购绩效的风险因素分析——基于解释结构模型[J]. 上海交通大学学报，（12）：1737-1740.

杨晓荣，梁勇. 2007. 城市居民节水行为及其影响因素的实证分析——以青铜峡市为例[J]. 水资源与水工程学报，18（2）：44-47.

尹洪英，徐丽群，权小锋. 2010. 基于解释结构模型的路网脆弱性影响因素分析[J]. 软科学，24（10）：122-126.

袁博. 2014. 近代中国水文化的历史考察[D]. 山东师范大学硕士学位论文.

袁志明. 2005. 水文化的理论探讨[J]. 水利发展研究，（5）：59-61.

原宁，王曦，刘馨越. 2015. 节水态度和节水行为间的中介效应研究——德阳市民众节水环保素质的调查与建议[J]. 四川环境，34（6）：140-145.

曾昭鹏. 2004. 环境素养的理论与测评研究[D]. 南京师范大学博士学位论文.

张宾，龚俊华，贺昌政. 2005. 基于客观系统分析的解释结构模型[J]. 系统工程与电子技术，27（3）：453-455.

张建平. 2010. 论水利院校学生水文化素质的培育[J]. 新课程研究，（177）：159-161.

张晓清，朱跃钊，陈红喜，等. 2011. 基于解释结构模型（ISM）的低碳建筑指标体系分析[J]. 商业时代，（12）：120-121.

赵爱国. 2008. 水文化涵义及体系结构探析[J]. 中国三峡建设，（4）：10-17.

赵卫华. 2015. 居民家庭用水量影响因素的实证分析——基于北京市居民用水行为的调查数据考察[J]. 干旱区资源与环境，29（4）：137-142.

郑大俊，王如高，盛跃明. 2009. 传承、发展和弘扬水文化的若干思考[J]. 水利发展研究，（8）：39-44.

郑晓云. 2008. 水文化与生态文明：云南少数民族水文化研究国际交流文集[M]. 昆明：云南教育出版社.

郑晓云. 2009. 国际视野中的水文化[J]. 中国水利，（22）：28-30.

郑晓云. 2014-01-08. 关于水历史[N]. 光明日报（016）.

中国公民科学素质调查课题组. 2016. 2015 年中国公民科学素质抽样调查数据总表[J]. 科普研究，11（3）：65-115.

中国水利文协. 2005. 水文化文集[M]. 武汉：长江出版社.

钟志强. 2009. 解释结构模型算法实现研究[J]. 智能计算机与应用，（1）：2-3.

周小华. 2007. 水文化研究的现代视野[J]. 中国水利，（16）：12-16.

周志中. 1996. "全民环境意识调查" 报告[J]. 环境教育，（2）：6-7.

邹华，马凤领. 2013. 科技养老影响因素的解释结构模型分析[J]. 中国科技信息，（3）：120-121.

Bybee R W. 2008. Scientific literacy, environmental issues, and PISA 2006: the 2008 Paul F-Brandwein lecture[J]. Journal of Science Education and Technology, 17（6）：566-585.

Chu H E, Lee E A, Ko H R, et al. 2007. Korean year 3 children's environmental literacy: a prerequisite for a Korean environmental education curriculum[J]. International Journal of Science Education, 29（6）：731-746.

Corral-Verdugo V, Bechtel R B, Fraijo-Sing B. 2003. Environmental beliefs and water conservation: an empirical study[J]. Journal of Environmental Psychology, 23（3）：247-257.

Cresswell J, Vayssettes S. 2006. Assessing Scientific, Reading and Mathematical Literacy: A Framework for PISA 2006[M]. Paris: Organisation for Economic Co-operation and Development.

Cutter A, Smith R. 2001. Gauging primary school teachers'environmental literacy: an issue of "priority" [J]. Asia Pacific Education Review, 2（2）：45-60.

Durant J, Gregory J. 1993. Science and Culture in Europe[M]. London: Science Museum.

Erdogan M, Ok A. 2011. An assessment of Turkish young pupils'environmental literacy: a nationwide survey[J]. International Journal of Science Education, 33（17）：2375-2406.

Erdogan M, Ok A, Marcinkowski T J. 2012. Development and validation of children's responsible environmental behavior scale[J]. Environmental Education Research, 18（4）：507-540.

Ewing M S, Mills T J. 1994. Water literacy in college freshmen: could a cognitive imagery strategy improve understanding? [J]. The Journal of Environmental Education, 25（4）：36-40.

Goldman D, Assaraf O B Z, Shaharabani D. 2013. Influence of a non-formal environmental education programme on junior high-school students'environmental literacy[J]. International Journal of Science Education, 35（3）：515-545.

Hua L, Härdle W, Carroll R J. 1999. Estimation in a semiparametric partially linear errors-in-variables model[J]. Annals of Statistics, 27（5）：1519-1535.

Hungerford H R, Peyton R B. 1976.Teaching Environmental Education[M]. Portlant: J. Weston Walch Pub.

Hurd P D. 1958. Science literacy: its meaning for American schools[J]. Educational Leadership, 16（1）：13-16.

Hurd P D. 1998. Scientific literacy: new minds for a changing world[J]. Science Education, 82（3）：407-416.

Joseph C, Nichol E O, Janggu T, et al. 2013. Environmental literacy and attitudes among Malaysian business educators[J]. International Journal of Sustainability in Higher Education, 14（2）：196-208.

Kaiser F E, Gehrke C W, Zumwalt R W, et al. 1974. Amino acid analysis: hydrolysis, ion-exchange cleanup, derivatization, and quantitation by gas-liquid chromatography[J]. Journal of Chromatography, 94（7）：113-133.

Laugksch R C. 2000a. Scientific literacy: a conceptual overview[J]. Science Education, 84（1）：71-94.

Laugksch R C. 2000b. The differential role of physical science and biology in achieving scientific literacy in South Africa-a possible explanation[J]. Biology, 19：1-4.

Lawrence S D. 2008. A rapid procedure for the production and characterization of recombinant insecticidal proteins in plants[J]. Geophysical Journal International, 147（147）: 630-638.

Li D G. 2005. Public understanding of and attitudes towards science & technology in China[J]. Bulletin of the Chinese Academy of Sciences, 19（3）: 186-192.

McNeill C T, Butts D P. 1981. Scientific literacy in Georgia[J]. Academic Achievement,（4）: 32.

Miller J D. 1983. Scientific literacy: a conceptual and empirical review[J]. Daedalus, 112（2）: 29-48.

Mills A, Porter G.1982. Photosensitised dissociation of water using dispersed suspensions of n-type semiconductors[J]. Journal of the Chemical Society, 78（12）: 3659-3669.

Pe' er S, Goldman D, Yavetz B. 2007. Environmental literacy in teacher training: attitudes, knowledge, and environmental behavior of beginning students[J]. The Journal of Environmental Education, 39（1）: 45-59.

Pella M O, O' Hearn G T, Gale C W. 1966. Referents to scientific literacy[J]. Journal of Research in Science Teaching, 4（3）: 199-208.

Randolph B, Troy P. 2008. Attitudes to conservation and water consumption[J]. Environmental Science & Policy, 11（5）: 441-455.

Roth C E. 1968. Curriculum overview for developing environmentally literate citizens[J]. Conservation Education: 23.

Roth C E. 1992. Environmental literacy: its roots, evolution and directions in the 1990s[R]. The Ohio State University.

Salmon J. 2000. Are we building environmental literacy?[J]. The Journal of Environmental Education, 31（4）: 4-10.

Shephard K, Harraway J, Lovelock B, et al. 2014. Is the environmental literacy of university students measurable?[J]. Environmental Education Research, 20（4）: 476-495.

Simmons R, Koenig S. 1995. Probabilistic robot navigation in partially observable environments[C]. International Joint Conference on Artificial Intelligence.

Stapp E B. 1978. Special confidence environmental testing for Titan III-C inertial guidance equipment[R]. Institute of Environmental Sciences.

Su H J, Chen M J, Wang J T. 2011. Developing a water literacy[J]. Current Opinion in Environmental Sustainability, 3（6）: 517-519.

Sutherland D, Dennick R. 2002. Exploring culture, language and the perception of the nature of science[J]. International Journal of Science Education, 24（1）: 1-25.

Turmo A. 2004. Scientific literacy and socio-economic background among 15-year-olds-a Nordic perspective[J]. Scandinavian Journal of Educational Research, 48（3）: 287-305.

UNESCO. 2003. Conference report of the information literacy meeting of experts, prague, the czech republic[C].

Wilke R. 1995. Environmental literacy and the college curriculum[J]. EPA Journal, 21（2）: 28.

附　　录

附录 1　解释结构模型运算过程

1. 可达矩阵的建立

由邻接矩阵算出可达矩阵，具体的算法如下：

$$A+E \neq (A+E)^2 \neq \cdots (A+E)^{r-1} \neq (A+E)^r = (A+E)^{r+1} = \cdots = (A+E)^n$$

其中，E 为与 A 同阶的单位矩阵。

在 Matlab 软件上编写程序，运行得出可达矩阵：

$$M = (A+E)^r$$

结果如下：

$$
M = \begin{array}{c|ccccccccccccc}
 & S_1 & S_2 & S_3 & S_4 & S_5 & S_6 & S_7 & S_8 & S_9 & S_{10} & S_{11} & S_{12} & S_{13} \\
S_1 & 1 & 0 & 0 & 0 & 0 & 0 & 0 & 0 & 0 & 0 & 0 & 0 & 0 \\
S_2 & 0 & 1 & 0 & 0 & 0 & 0 & 0 & 0 & 0 & 0 & 0 & 0 & 0 \\
S_3 & 0 & 0 & 1 & 0 & 0 & 0 & 0 & 0 & 0 & 0 & 0 & 0 & 0 \\
S_4 & 1 & 0 & 0 & 1 & 0 & 0 & 0 & 0 & 0 & 0 & 0 & 0 & 0 \\
S_5 & 1 & 0 & 1 & 0 & 1 & 0 & 0 & 0 & 0 & 0 & 0 & 0 & 1 \\
S_6 & 1 & 0 & 1 & 0 & 0 & 1 & 0 & 0 & 0 & 1 & 1 & 0 & 0 \\
S_7 & 0 & 1 & 1 & 0 & 0 & 0 & 1 & 1 & 1 & 0 & 0 & 1 & 0 \\
S_8 & 0 & 1 & 1 & 0 & 0 & 0 & 1 & 1 & 1 & 0 & 0 & 1 & 0 \\
S_9 & 0 & 1 & 1 & 0 & 0 & 0 & 1 & 1 & 1 & 0 & 0 & 1 & 0 \\
S_{10} & 0 & 0 & 1 & 0 & 0 & 0 & 0 & 0 & 0 & 1 & 0 & 0 & 0 \\
S_{11} & 0 & 0 & 1 & 0 & 0 & 0 & 0 & 0 & 0 & 0 & 1 & 0 & 0 \\
S_{12} & 0 & 0 & 1 & 0 & 0 & 0 & 0 & 0 & 0 & 0 & 0 & 1 & 0 \\
S_{13} & 0 & 0 & 1 & 0 & 0 & 0 & 0 & 0 & 0 & 0 & 0 & 0 & 1 \\
\end{array}
$$

2. 区域、级间、强连通块的划分

1）区域划分

（1）可达集。令可达集为 $R(S_i) = \{S_j | S_j \in S, m_{ij} = 1, i = 1, 2, \cdots, 13; j = 1, 2, \cdots, 13\}$。
根据得出的可达矩阵 M 可知：

$$R(S_1) = \{S_1, S_4, S_5, S_6\}$$
$$R(S_2) = \{S_2, S_7, S_8, S_9\}$$
$$R(S_3) = \{S_3, S_5, S_6, S_7, S_8, S_9, S_{10}, S_{11}, S_{12}, S_{13}\}$$
$$R(S_4) = \{S_4\}$$
$$R(S_5) = \{S_5\}$$
$$R(S_6) = \{S_6\}$$
$$R(S_7) = R(S_8) = R(S_9) = R\{S_7, S_8, S_9\}$$
$$R(S_{10}) = \{S_6, S_{10}\}$$
$$R(S_{11}) = \{S_6, S_7, S_8, S_9, S_{11}\}$$
$$R(S_{12}) = \{S_7, S_8, S_9, S_{12}\}$$
$$R(S_{13}) = \{S_5, S_{13}\}$$

（2）先行集。令先行集为 $A(S_i) = \{S_j | S_j \in S, m_{ji} = 1, j = 1, 2, \cdots, 13\} (i = 1, 2, \cdots, 13)$。
根据得出的可达矩阵 M 可知：

$$A(S_1) = \{S_1\}$$
$$A(S_2) = \{S_2\}$$
$$A(S_3) = \{S_3\}$$
$$A(S_4) = \{S_1, S_4\}$$
$$A(S_5) = \{S_1, S_3, S_5, S_{13}\}$$
$$A(S_6) = \{S_1, S_3, S_6, S_{10}, S_{11}\}$$
$$A(S_7) = A(S_8) = A(S_9) = \{S_2, S_3, S_7, S_8, S_9, S_{11}, S_{12}\}$$
$$A(S_{10}) = \{S_3, S_{10}\}$$
$$A(S_{11}) = \{S_3, S_{11}\}$$
$$A(S_{12}) = \{S_3, S_{12}\}$$
$$A(S_{13}) = \{S_3, S_{13}\}$$

（3）共同集。令共同集 $C(S_i) = \left\{ S_j \middle| S_j \in S, m_{ji} = 1, m_{ij} = 1, j = 1, 2, \cdots, 13 \right\} (i = 1, 2, \cdots, 13)$。

$$C(S_1) = \{S_1\}$$
$$C(S_2) = \{S_2\}$$
$$C(S_3) = \{S_3\}$$
$$C(S_4) = \{S_4\}$$
$$C(S_5) = \{S_5\}$$
$$C(S_6) = \{S_6\}$$
$$C(S_7) = C(S_8) = C(S_9) = \{S_7, S_8, S_9\}$$
$$C(S_{10}) = \{S_{10}\}$$
$$C(S_{11}) = \{S_{11}\}$$
$$C(S_{12}) = \{S_{12}\}$$
$$C(S_{13}) = \{S_{13}\}$$

（4）起始集。令起始集 $B(S) = \left\{ S_i \middle| S_i \in S, C(S_i) = A(S_i), i = 1, 2, \cdots, 13 \right\}$。

$$B(S) = \{S_1, S_2, S_3\}$$

（5）终止集。令终止集 $E(S) = \left\{ S_i \middle| S_i \in S, C(S_i) = R(S_i), i = 1, 2, \cdots, 13 \right\}$。

$$E(S) = \{S_4, S_5, S_6\}$$

区域划分的规则是在 $B(S)$ 中任取两个要素 a、b，若 $R(a) \bigcap R(b) \neq \varnothing$，则 a、b 以及 $R(a)$、$R(b)$ 中的要素属于同一区域且若对所有 a 和 b 均有此结果，表明区域不可分；若 $R(a) \bigcap R(b) = \varnothing$，则 a、b 以及 $R(a)$、$R(b)$ 中的要素不属于同一区域，系统要素集合 S 至少可被划分为两个相对独立的区域。

因为 $R(a) \bigcap R(b) \neq \varnothing$，所以区域不可分，即所有关于公民水素养的影响因素在一个区域中。

2）级位划分

区域内的级位划分，即确定某区域内各要素所处层次地位的过程。这是建立多级递阶结构模型的关键工作。

设 P 是由区域划分得到的某区域要素集合，若用 $L_1, L_2, \cdots, L_k$ 表示从高到低的各级要素集合（其中 k 为最大级位数），则级位划分的结果为

$$\prod(P) = L_1, L_2, \cdots, L_k$$

若定义：

$$\prod(P) = L_1, L_2, \cdots, L_k$$

则有

$$L_k = \left\{ S_i \in P - L_0 - L_1 - \cdots - L_{k-1} \middle| R_{k-1}(S_i) \bigcap A_{k-1}(S_j) = R_{k-1}(S_i) \right\}$$

其中，$R_{k-1}(S_i)$，$A_{k-1}(S_j)$ 分别是由 $P - L_0 - L_1 - \cdots - L_{k-1}$ 要素组成的子图求得的可达集和先行集。

某系统要素集合的最高级要素即该系统的终止集要素。级位划分的基本做法如下：在一个多级结构中，它的最上层要素 S_i 的 $R(S_i)$，只能由 S_i 自身和 S_i 的强连通要素组成；同时 S_i 的先行集只能由 S_i 自身和结构中的下一级可达到的要素以及 S_i 的强连通要素组成。若 S_i 是最上层单元，需满足：

$$R(S_i) = R(S_i) \bigcap A(S_j)$$

找出最高一级要素后，将其从可达矩阵中划去相应的行与列，再从剩下的可达矩阵中寻找新的最高级要素，以此类推。

根据以上原理对公民水素养影响表征因素级位划分的过程得出级位划分过程表。

级位划分过程表

要素集合	S_i	$R(S)$	$A(S)$	$C(S)$	$C(S)$ $=R(S)$	级位
	1	S_1, S_4, S_5, S_6	S_1	S_1		
	2	S_2, S_7, S_8, S_9	S_2	S_2		
	3	S_3, S_5, S_6, S_7, S_8, S_9, S_{10}, S_{11}, S_{12}, S_{13}	S_3	S_3		
	4	S_4	S_1, S_4	S_4	√	
	5	S_5	S_1, S_3, S_5, S_{13}	S_5	√	
	6	S_6	S_1, S_3, S_6, S_{10}, S_{11}	S_6	√	L_1={S_4, S_5, S_6, S_7, S_8, S_9}
P_1-L_0	7	S_7, S_8, S_9	S_2, S_3, S_7, S_8, S_9, S_{11}, S_{12}	S_7, S_8, S_9	√	
	8	S_7, S_8, S_9	S_2, S_3, S_7, S_8, S_9, S_{11}, S_{12}	S_7, S_8, S_9	√	
	9	S_7, S_8, S_9	S_2, S_3, S_7, S_8, S_9, S_{11}, S_{12}	S_7, S_8, S_9	√	
	10	S_6, S_{10}	S_3, S_{10}	S_{10}		
	11	S_6, S_7, S_8, S_9, S_{11}	S_3, S_{11}	S_{11}		
	12	S_7, S_8, S_9, S_{12}	S_3, S_{12}	S_{12}		
	13	S_5, S_{13}	S_3, S_{13}	S_{13}		

要素集合	S_i	$R(S)$	$A(S)$	$C(S)$	$C(S)$ $=R(S)$	级位
$P_1-L_0-L_1$	1	S_1	S_1	S_1	√	
	2	S_2	S_2	S_2	√	
	3	$S_3, S_{10}, S_{11}, S_{12}, S_{13}$	S_3	S_3		$L_2=\{S_1,$ $S_2, S_{10},$ $S_{11}, S_{12},$ $S_{13}\}$
	10	S_{10}	S_3, S_{10}	S_{10}	√	
	11	S_{11}	S_3, S_{13}	S_{11}	√	
	12	S_{12}	S_3, S_{12}	S_{12}	√	
	13	S_{13}	S_3, S_{13}	S_{13}	√	
$P_1-L_0-L_1-L_2$	3	S_3	S_3	S_3	√	$L_3=\{S_3\}$

得到的功能因素之间的层次结构关系如下：

$$L_1 = \left\{ S_4, S_5, S_6, S_7, S_8, S_9 \right\}$$
$$L_2 = \left\{ S_1, S_2, S_{10}, S_{11}, S_{12}, S_{13} \right\}$$
$$L_3 = \left\{ S_3 \right\}$$

根据新的层次关系，重新排列可达矩阵 M 后，得到 M'：

$$M' = \begin{array}{c} \\ S_4 \\ S_5 \\ S_6 \\ S_7 \\ S_8 \\ S_9 \\ S_1 \\ S_2 \\ S_{10} \\ S_{11} \\ S_{12} \\ S_{13} \\ S_3 \end{array} \begin{pmatrix} S_4 & S_5 & S_6 & S_7 & S_8 & S_9 & S_1 & S_2 & S_{10} & S_{11} & S_{12} & S_{13} & S_3 \\ 1 & 0 & 0 & 0 & 0 & 0 & 1 & 0 & 0 & 0 & 0 & 0 & 0 \\ 0 & 1 & 0 & 0 & 0 & 0 & 1 & 0 & 0 & 0 & 0 & 1 & 1 \\ 0 & 0 & 1 & 0 & 0 & 0 & 1 & 0 & 1 & 1 & 0 & 0 & 1 \\ 0 & 0 & 0 & 1 & 1 & 1 & 0 & 1 & 0 & 1 & 1 & 0 & 1 \\ 0 & 0 & 0 & 1 & 1 & 1 & 0 & 1 & 0 & 1 & 1 & 0 & 1 \\ 0 & 0 & 0 & 1 & 1 & 1 & 0 & 1 & 0 & 1 & 1 & 0 & 1 \\ 0 & 0 & 0 & 0 & 0 & 0 & 1 & 0 & 0 & 0 & 0 & 0 & 0 \\ 0 & 0 & 0 & 0 & 0 & 0 & 0 & 1 & 0 & 0 & 0 & 0 & 0 \\ 0 & 0 & 0 & 0 & 0 & 0 & 0 & 0 & 1 & 0 & 0 & 0 & 1 \\ 0 & 0 & 0 & 0 & 0 & 0 & 0 & 0 & 0 & 1 & 0 & 0 & 1 \\ 0 & 0 & 0 & 0 & 0 & 0 & 0 & 0 & 0 & 0 & 1 & 0 & 1 \\ 0 & 0 & 0 & 0 & 0 & 0 & 0 & 0 & 0 & 0 & 0 & 1 & 1 \\ 0 & 0 & 0 & 0 & 0 & 0 & 0 & 0 & 0 & 0 & 0 & 0 & 1 \end{pmatrix}$$

3）骨架矩阵及递阶有向图

绘制多级递阶有向图需要先提取骨架矩阵。骨架矩阵是通过可达矩阵 M' 的缩约和检出，建立起 M' 的最小实现矩阵，即骨架矩阵 $A1$。骨架矩阵即 M' 的最小实现多级递阶结构矩阵。

对经过区域和级位划分后的可达矩阵 M' 的缩检共分三步。

（1）检查各层次中的强连接要素，建立可达矩阵 M' 的缩减矩阵 $M1$。对 S_7、S_8、S_9 做缩减处理，得到缩减矩阵 $M1$：

$$
M1 = \begin{array}{c}
\\ S_4 \\ S_5 \\ S_6 \\ S_7 \\ S_1 \\ S_2 \\ S_{10} \\ S_{11} \\ S_{12} \\ S_{13} \\ S_3
\end{array}
\begin{array}{c}
\begin{array}{ccccccccccc} S_4 & S_5 & S_6 & S_7 & S_1 & S_2 & S_{10} & S_{11} & S_{12} & S_{13} & S_3 \end{array} \\
\left(\begin{array}{ccccccccccc}
1 & 0 & 0 & 0 & 1 & 0 & 0 & 0 & 0 & 0 & 0 \\
0 & 1 & 0 & 0 & 1 & 0 & 0 & 0 & 0 & 1 & 1 \\
0 & 0 & 1 & 0 & 1 & 0 & 1 & 1 & 0 & 0 & 1 \\
0 & 0 & 0 & 1 & 0 & 1 & 1 & 1 & 1 & 0 & 1 \\
0 & 0 & 0 & 0 & 1 & 0 & 0 & 0 & 0 & 0 & 0 \\
0 & 0 & 0 & 0 & 0 & 1 & 0 & 0 & 0 & 0 & 0 \\
0 & 0 & 0 & 0 & 0 & 0 & 1 & 0 & 0 & 0 & 1 \\
0 & 0 & 0 & 0 & 0 & 0 & 0 & 1 & 0 & 0 & 1 \\
0 & 0 & 0 & 0 & 0 & 0 & 0 & 0 & 1 & 0 & 1 \\
0 & 0 & 0 & 0 & 0 & 0 & 0 & 0 & 0 & 1 & 1 \\
0 & 0 & 0 & 0 & 0 & 0 & 0 & 0 & 0 & 0 & 1
\end{array}\right)
\end{array}
$$

（2）去掉 $M1$ 中已具有邻接二元关系的要素间的越级二元关系，得到进一步简化后的新矩阵 $M2$：

$$
M2 = \begin{array}{c}
\\ S_4 \\ S_5 \\ S_6 \\ S_7 \\ S_1 \\ S_2 \\ S_{10} \\ S_{11} \\ S_{12} \\ S_{13} \\ S_3
\end{array}
\begin{array}{c}
\begin{array}{ccccccccccc} S_4 & S_5 & S_6 & S_7 & S_1 & S_2 & S_{10} & S_{11} & S_{12} & S_{13} & S_3 \end{array} \\
\left(\begin{array}{ccccccccccc}
1 & 0 & 0 & 0 & 1 & 0 & 0 & 0 & 0 & 0 & 0 \\
0 & 1 & 0 & 0 & 1 & 0 & 0 & 0 & 0 & 1 & 0 \\
0 & 0 & 1 & 0 & 1 & 0 & 1 & 1 & 0 & 0 & 0 \\
0 & 0 & 0 & 1 & 0 & 1 & 1 & 0 & 0 & 0 & 0 \\
0 & 0 & 0 & 0 & 1 & 0 & 0 & 0 & 0 & 0 & 0 \\
0 & 0 & 0 & 0 & 0 & 1 & 0 & 0 & 0 & 0 & 0 \\
0 & 0 & 0 & 0 & 0 & 0 & 1 & 0 & 0 & 0 & 1 \\
0 & 0 & 0 & 0 & 0 & 0 & 0 & 1 & 0 & 0 & 1 \\
0 & 0 & 0 & 0 & 0 & 0 & 0 & 0 & 1 & 0 & 1 \\
0 & 0 & 0 & 0 & 0 & 0 & 0 & 0 & 0 & 1 & 1 \\
0 & 0 & 0 & 0 & 0 & 0 & 0 & 0 & 0 & 0 & 1
\end{array}\right)
\end{array}
$$

（3）进一步去掉 $M2$ 中自身到达的二元关系，即减去单位矩阵，将 $M2$ 主对角线上的"1"全变为"0"，得到经简化后具有最少二元关系个数的骨架矩阵 $A1$：

$$A1 = \begin{array}{c} \\ S_4 \\ S_5 \\ S_6 \\ S_7 \\ S_1 \\ S_2 \\ S_{10} \\ S_{11} \\ S_{12} \\ S_{13} \\ S_3 \end{array} \begin{array}{c} \begin{matrix} S_4 & S_5 & S_6 & S_7 & S_1 & S_2 & S_{10} & S_{11} & S_{12} & S_{13} & S_3 \end{matrix} \\ \left(\begin{matrix} 0 & 0 & 0 & 0 & 1 & 0 & 0 & 0 & 0 & 0 & 0 \\ 0 & 0 & 0 & 0 & 1 & 0 & 0 & 0 & 0 & 1 & 0 \\ 0 & 0 & 0 & 0 & 1 & 0 & 1 & 1 & 0 & 0 & 0 \\ 0 & 0 & 0 & 0 & 0 & 1 & 1 & 0 & 0 & 0 & 0 \\ 0 & 0 & 0 & 0 & 0 & 0 & 0 & 0 & 0 & 0 & 0 \\ 0 & 0 & 0 & 0 & 0 & 0 & 0 & 0 & 0 & 0 & 0 \\ 0 & 0 & 0 & 0 & 0 & 0 & 0 & 0 & 0 & 0 & 1 \\ 0 & 0 & 0 & 0 & 0 & 0 & 0 & 0 & 0 & 0 & 1 \\ 0 & 0 & 0 & 0 & 0 & 0 & 0 & 0 & 0 & 0 & 1 \\ 0 & 0 & 0 & 0 & 0 & 0 & 0 & 0 & 0 & 0 & 1 \\ 0 & 0 & 0 & 0 & 0 & 0 & 0 & 0 & 0 & 0 & 0 \end{matrix}\right) \end{array}$$

附录 2　公民水素养评价指标重要性专家调查问卷

尊敬的专家：

您好！首先很感谢您在百忙之中抽出时间填阅本问卷。

本问卷是水利部发展研究中心和华北水利水电大学正在进行的"水素养基础理论和影响因素分析"项目研究的重要内容。水素养是人通过后天的学习而获得和形成的水知识、水态度、水行为的总和，项目组基于水素养内涵分析、国内外文献挖掘初步拟定了水素养三级评价指标体系。为使公民水素养评价指标体系更具科学性和针对性，恳请您对每个三级指标的重要性进行评判。

再次感谢您的帮助与大力支持！

项目课题组

专家个人信息：

专业：　　　　　　职称：　　　　　学历：　　　　　工作年限：

水素养评价指标意见表

一级指标	二级指标	三级指标	重要性评判			备注
水知识	水科学基础知识	水的物理与化学知识	□非常重要　□不太重要	□比较重要　□不重要	□一般重要	主要观测点如下：水的三态、水的颜色气味、水的冰点和沸点、人工降雨现象、水的化学成分及化学式、水的硬度、水质
		水分布知识	□非常重要　□不太重要	□比较重要　□不重要	□一般重要	主要观测点如下：地球上的水资源分布及特点、淡水资源的稀缺性、我国水资源储量及分布、本地水资源储量及分布、本地饮用水来源
		水循环知识	□非常重要　□不太重要	□比较重要　□不重要	□一般重要	主要观测点如下：水循环的过程、水循环的影响因素
		水的商品属性相关知识	□非常重要　□不太重要	□比较重要　□不重要	□一般重要	主要观测点如下：水权、水价
		水与生命相关知识	□非常重要　□不太重要	□比较重要　□不重要	□一般重要	主要观测点如下：水与生命起源、身边的水、身体中的水
		其他指标（请补充）：				
	水资源开发利用及管理知识	水资源开发利用知识	□非常重要　□不太重要	□比较重要　□不重要	□一般重要	主要观测点如下：常见用水类型、水资源开发利用方式
		水资源管理知识	□非常重要　□不太重要	□比较重要　□不重要	□一般重要	主要观测点如下：水资源管理组织体系，水资源管理行政手段、法律手段、经济手段、技术手段
		其他指标（请补充）：				
	水生态环境保护知识	人类活动对水生态环境的影响	□非常重要　□不太重要	□比较重要　□不重要	□一般重要	主要观测点如下：人类活动给水生态环境带来的正影响、负影响
		水环境容量知识	□非常重要　□不太重要	□比较重要　□不重要	□一般重要	主要观测点如下：水环境容量的含义、影响因素
		水污染知识	□非常重要　□不太重要	□比较重要　□不重要	□一般重要	主要观测点如下：主要水污染物、水污染物的主要来源
		水生态环境行动策略的知识和技能	□非常重要　□不太重要	□比较重要　□不重要	□一般重要	主要观测点如下：保护水生态环境的主要途径、法律法规，以及环保部门的举报电话
		其他指标（请补充）：				
水态度	水情感	水兴趣	□非常重要　□不太重要	□比较重要　□不重要	□一般重要	主要观测点如下：古今著名的水利工程或水景观、古代著名水利专家、所在地区的主要江河湖海的相关诗词文化、与水有关的名胜古迹游览经历、水利博物馆/水文化基地的参观经历
		水关注	□非常重要　□不太重要	□比较重要　□不重要	□一般重要	主要观测点如下：对洪涝灾害、水短缺、水污染的关注；对现有水资源管理方式有效性的个人判断
		其他指标（请补充）：				

一级指标	二级指标	三级指标	重要性评判			备注
水态度	水责任	节水责任	□非常重要　□比较重要　□一般重要 □不太重要　□不重要			主要观测点如下：个人节水意愿
		护水责任	□非常重要　□比较重要　□一般重要 □不太重要　□不重要			主要观测点如下：个人护水意愿
		其他指标（请补充）：				
	水伦理	水伦理观	□非常重要　□比较重要　□一般重要 □不太重要　□不重要			主要观测点如下：价值取向
		道德原则	□非常重要　□比较重要　□一般重要 □不太重要　□不重要			主要观测点如下：水公正、水共享、水生态补偿
		其他指标（请补充）：				
水行为	水生态和水环境管理行为	参与节水护水爱水的宣传行为	□非常重要　□比较重要　□一般重要 □不太重要　□不重要			主要观测点如下：世界水日、中国水周等主题活动；与水相关的公益广告；社区/学校组织的节水护水爱水宣传活动
		参与水生态环境保护的行为	□非常重要　□比较重要　□一般重要 □不太重要　□不重要			主要观测点如下：植树造林、水源地保护
		主动学习节约用水技能的行为	□非常重要　□比较重要　□一般重要 □不太重要　□不重要			主要观测点如下：接受节水用水教育的经历、对节水用水的技能方法的掌握
		主动学习水灾害避险的行为	□非常重要　□比较重要　□一般重要 □不太重要　□不重要			主要观测点如下：对水灾害的类型和危害性的了解、对水灾害避险的技巧和方法的掌握
		其他指标（请补充）：				
	说服行为	参与防范水污染事件的行为	□非常重要　□比较重要　□一般重要 □不太重要　□不重要			主要观测点如下：制止他人水污染行为、制止其他组织水污染行为
		参与公益环保组织的活动	□非常重要　□比较重要　□一般重要 □不太重要　□不重要			主要观测点如下：对公益环保组织所开展活动认同、参与公益环保组织开展活动的经历
		其他指标（请补充）：				
	消费行为	生产生活废水再利用的行为	□非常重要　□比较重要　□一般重要 □不太重要　□不重要			主要观测点如下：生产活动的中水回用、生活废水回收利用
		生活用水频率	□非常重要　□比较重要　□一般重要 □不太重要　□不重要			主要观测点如下：生活用水习惯（洗手、洗澡、洗衣等的频次）
		节水设施的使用	□非常重要　□比较重要　□一般重要 □不太重要　□不重要			家庭、单位/社区节水设施的使用
		其他指标（请补充）：				
	法律行为	个人遵守水相关法律法规	□非常重要　□比较重要　□一般重要 □不太重要　□不重要			主要观测点如下：他人违反水相关法律法规的行为
		举报或监督水环境事件的行为	□非常重要　□比较重要　□一般重要 □不太重要　□不重要			主要观测点如下：向环境监督执法部门举报他人或组织的违法行为
		监督执法部门管理行为的有效性	□非常重要　□比较重要　□一般重要 □不太重要　□不重要			对监督执法部门管理行为有效性的判断
		其他指标（请补充）：				

附录3　指标权重专家打分表

尊敬的专家:

　　您好! 非常感谢您抽出宝贵的时间填写此表!

　　本调查表收集的信息将用于确定公民水素养评价体系中各指标的权重,请您对现有指标体系中的权重做权重赋值。

　　填表说明:请比较下表中各个指标在构建公民水素养评价体系中的相对重要程度。例如,第一行的指标"水知识"相对于每一列指标的重要程度,如果你认为"水知识"和"水态度"相比,具有相同的重要性,选择标度为 1;如果你认为"水知识"和"水态度"相比,"水知识"略重要,填写"3";反之,你觉得"水知识"显得略重要,填写1/3。然后依次类推。

相对重要性的比例标度

甲指标相对于乙指标	极重要	很重要	重要	略重要	同等	略次要	次要	很次要	极次要
甲指标评价值	9	7	5	3	1	1/3	1/5	1/7	1/9
备注	取 8,6,4,2,1/2,1/4,1/6,1/8 为上述评价值的中间值								

注:甲指标为行指标,乙指标为列指标,其他表格亦然

　　1. 一级指标权重确定(行指标对列指标的重要性,表格里已填写"1"或"—"处无须再填写,其他表格亦然)

指标	水知识	水态度	水行为
水知识	1	—	—
水态度	—	1	—
水行为	—	—	1

　　2. 二级指标权重确定

　　1)水知识

指标	水科学基础知识	水资源开发利用及管理知识	水生态环境保护知识
水科学基础知识	1	—	—
水资源开发利用及管理知识	—	1	—
水生态环境保护知识	—	—	1

2）水态度

指标	水情感	水责任	水伦理
水情感	1	—	—
水责任	—	1	—
水伦理	—	—	1

3）水行为

指标	水生态和水环境管理行为	说服行为	消费行为	法律行为
水生态和水环境管理行为	1	—	—	—
说服行为	—	1	—	—
消费行为	—	—	1	—
法律行为	—	—	—	1

3. 三级指标权重确定

1）水知识——水科学基础知识

指标	水的物理与化学知识	水分布知识	水循环知识	水的商品属性相关知识	水与生命相关知识
水的物理与化学知识	1	—	—	—	—
水分布知识	—	1	—	—	—
水循环知识	—	—	1	—	—
水的商品属性相关知识	—	—	—	1	—
水与生命相关知识	—	—	—	—	1

2）水知识——水资源开发利用及管理

指标	水资源开发利用知识	水资源管理知识
水资源开发利用知识	1	—
水资源管理知识	—	1

3）水知识——水生态环境保护

指标	人类活动对水生态环境的影响	水环境容量知识	水污染知识	水生态环境行动策略的知识和技能
人类活动对水生态环境的影响	1	—	—	—
水环境容量知识	—	1	—	—
水污染知识	—	—	1	—
水生态环境行动策略的知识和技能	—	—	—	1

4）水态度——水情感

指标	水兴趣	水关注
水兴趣	1	—
水关注	—	1

5）水态度——水责任

指标	节水责任	护水责任
节水责任	1	—
护水责任	—	1

6）水态度——水伦理

指标	水伦理观	道德原则
水伦理观	1	—
道德原则	—	1

7）水行为——水生态和水环境管理行为

指标	参与节水护水爱水的宣传行为	参与水生态环境保护的行为	主动学习节约用水技能的行为	主动学习水灾害避险的行为
参与节水护水爱水的宣传行为	1	—	—	—
参与水生态环境保护的行为	—	1	—	—
主动学习节约用水技能的行为	—	—	1	—
主动学习水灾害避险的行为	—	—	—	1

8）水行为——说服行为

指标	参与防范水污染事件的行为	参与公益环保组织的活动
参与防范水污染事件的行为	1	—
参与公益环保组织的活动	—	1

9）水行为——消费行为

指标	生产生活废水再利用的行为	生活用水频率	节水设施的使用
生产生活废水再利用的行为	1	—	—
生活用水频率	—	1	—
节水设施的使用	—	—	1

10）水行为——法律行为

指标	个人遵守水相关法律法规	举报或监督水环境事件的行为	监督执法部门管理行为的有效性
个人遵守水相关法律法规	1	—	—
举报或监督水环境事件的行为	—	1	—
监督执法部门管理行为的有效性	—	—	1